U0010767

摩托車的基本構造

（修訂版）

→ 從電動機車到重型機車，徹底解析機械構造與運作原理

市川克彥◎著

溫欣潔◎譯

晨星出版

關於摩托車你應該知道的

　　真的很高興晨星出版社發行這本《摩托車的基本構造》，為那些喜愛機車的新手開啟探索大門，而對於本來就愛好機車的車迷提供更完整的資訊。這本書的內容相當完善，講解機車所有構造，搭配清楚的圖示，讓你能清楚了解機車運作的原理。閱讀完畢一定對機車有更多認識，對於每部車輛所散發之特性，能有更敏銳的感受，就好比DUCATI獨特出眾、高亢洪亮排氣聲，在機車界被公認為最有特色的旋律！

Ducati台灣總代理－碩文 吳坤楠總經理

如果您跟我一樣熱愛摩托車
除了擁有它、駕馭它、保養它、改裝它
相信您也渴望能更深入地了解它
了解它的構造、了解它的原理、了解它的進化
對於摩托車迷而言，這是一門學問，一項知識，更是一個樂趣

透過這本書，以圖文並茂、深入淺出的方式
引領您進入摩托車的內心世界
探索內燃機引擎的奧妙與各組件的作用原理
相信本書絕對讓您愛不釋手，也絕對能豐富您的騎士人生
MotoCity重車論壇 推薦給您

重型機車入口網站－MotoCity重車論壇

盡情享受迎風奔馳的快感

　　全身沉浸在迎風奔馳的快感──就算這是大家對於「騎摩托車」的普遍看法，仍改變不了處在日本氣候之下，摩托車絕對稱不上是個令人感到舒適的交通工具這個不可抹滅的事實。下雨天、烏煙瘴氣、冬冷、夏熱，作為一個移動工具，摩托車絕非首選。然而，我們周遭仍有這麼多摩托車騎士，為什麼？

　　原因只有一個，當然就是騎乘摩托車時的快感。參雜著痛苦與痛快的奇妙滋味，摩托車就是有這種令人訴諸感性，擄獲人心的魅力。

　　騎士在俗稱「皮包鐵」的狀態下，運用全身細胞駕馭摩托車。若你曾經親身體驗，與僅用手腳就能駕駛的汽車相比，摩托車是全然不同的交通工具。它比較近似於騎馬，可以和它一起感受風的吹拂，感受它的氣息，和它一同奔馳。

　　騎士用皮膚感受周圍的溫度，呼吸前方的空氣，各種氣味都刺激著嗅覺。這種行走間的體驗，使我們更能感受到移動的真實感。騎著摩托車出遊，彷彿讓人覺得遠離塵囂。不僅如此，利用全身駕馭，更能夠強烈感受到一體感，就如同自己也成為摩托車的一部分，享受著身體機能和自身能力更加強化的愉悅。

　　然而令人困擾的是，摩托車並非是誰都會騎的交通工具。比起即使是初學者多少都能駕駛的汽車，要讓一台摩托車奔跑，可能更需要一些技術。摩托車與汽車之間的決定性差異，是摩托車需要運用全身來駕馭，不僅用手、腳操作油門及煞車，還得用全身前後左右地移動重心，才有辦法操縱。即便只是油門及煞車，它都需要更為細膩的操作，遑論在操縱和重心移動之間所必要的完美協調。

例如在過彎時，開車只需要旋轉方向盤，而摩托車就必須隨著車體傾斜。駕訓班也許會說：「轉彎時必須傾斜身體並移動重心」，但是，具體來說，到底該如何傾斜身體和移動重心？摩托車不會有讓車體傾斜的裝置，最具體的方式，就是用身體去學習。

摩托車和運動一樣，要領很重要。一旦抓住運動的要領，動作會瞬間變得流暢，突然進步神速。但是，要能抓住要領，靠的是經驗不斷地累積。而和經驗同等重要的，就是要了解「摩托車構造」。了解摩托車的構造，才可以理解摩托車的運轉方式，從而提升騎乘摩托車的技巧。

在書中，不僅說明了摩托車的構造，也會介紹各種構造的用途以及各種機械構造之間的關係，讀者透過精美的照片和詳細的解說，便能夠輕鬆地理解。

作為一種交通工具，汽車因為便利性而受人歡迎，而摩托車卻因為可以刺激人心，給予人們歡愉而令人珍惜。因此，真心地希望這本書可以對所有期待享受摩托車樂趣的人、正準備要騎騎看摩托車的人，和還想繼續騎摩托車的人都能有所助益。

最後，我想對寫這本書時提供我幫助的各摩托車相關廠商，和編輯部的石井顯一先生致上最高謝意。

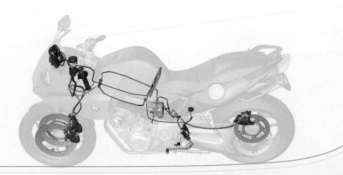

CONTENTS
目 次

第 1 章

引擎的構造

「引擎」── 摩托車的心臟

在此,我們將解說引擎是如何產生讓讓摩托車奔馳的力量、
用於摩托車的引擎種類以及引擎內部的重要零件。
此外,馬力和扭力的差別、最高速度及加速性能之間的關係,
也將一併說明。

照片提供:YAMAHA發動機

YAMAHA最自豪的超級跑車 ──「YZF-R1」的心臟部位。利用活塞旋轉曲軸,將
往返動作轉變為回轉動作,使得後輪得以運轉。

引擎的原理
─ 為什麼只要燃燒燃料就可以產生動力？

摩托車的引擎是透過燃燒燃料，也就是汽油來產生動力。說的更確切一點，其動力來源，是利用汽油與空氣混合後所產生的物質點火燃燒，燃燒生成的氣體遇熱膨脹所產生。也就是說，引擎是從汽油中取得「熱能」，再將其轉變為「機械能」作為動力的一種機械構造。

如此，將熱能轉變為機械式能量，也就是「透過熱能取得動力的裝置」，通常也被稱為「熱機關」。就燃料燃燒的方式分類，熱機關可分為「內燃機」和「外燃機」。摩托車的引擎，就是屬於燃料封閉在內部燃燒的內燃機，藉由將燃料燃燒轉變為氣體以產生動能。它的優點是體積小、重量輕，且可有效率地轉換熱能；而缺點則是它無法選擇可使用的燃料種類。

外燃機則是燃料在外部燃燒，再將熱能傳導至內部氣體以產生動力。比較廣為人知的例子是利用燃燒煤炭等物質，使水蒸汽膨脹的蒸汽構造。外燃機的缺點是很難達到小型輕量化，但好處則是它可以使用氣體、液體、固體等各種燃料，甚至是核能。

你可能會覺得蒸汽摩托車很不可思議，但搭載蒸汽構造的摩托車（或許應該說是類似摩托車的東西），確實曾在19世紀出現過。但很遺憾地，它不像蒸汽汽車已經達到可以實際運用的階段，蒸汽摩托車始終都無法普及。終究，要將又大又笨重的蒸汽構造架在摩托車上本來就會有很多困難，因此從那時起，人們就開始思考如何把內燃機的引擎運用在摩托車上了。

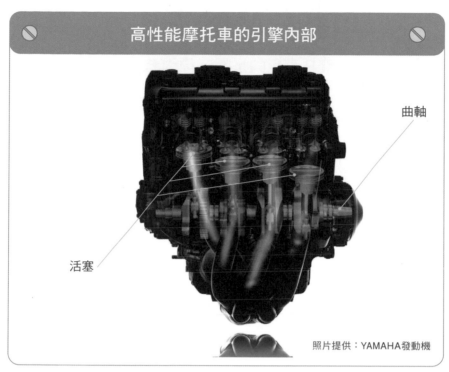

高性能摩托車的引擎內部

曲軸

活塞

照片提供：YAMAHA發動機

汽油引擎是藉由引擎內部的汽缸燃燒汽油以產生動力。由此可知，汽油引擎是屬於內燃機。

Motorcycle

瓦斯也可作為內燃機的燃料

從前，日本曾因為戰爭而陷入燃料不足，使得以木炭作為主要燃料的「木炭公車」風行了一段時間。而雖然名稱是木炭，但並非是燃燒木炭來驅動蒸氣機構，而是蒸烤木炭以產生一氧化碳，進而轉為引擎燃料。通常一提到引擎燃料，大家都自然而然地聯想到像汽油這種液體燃料，但其實瓦斯也可以作為引擎燃料。現今也有許多計程車是使用LPG（Liquefied Petroleum Gas），還有少部分是使用CNG（Compressed Natural Gas）。不過，確實是尚未出現用瓦斯作為燃料的摩托車。

引擎的種類
― 摩托車用的是哪一種引擎？

　　摩托車的引擎屬於內燃機，不過即使是內燃機，也有各式各樣的種類，必須做更進一步的分類。摩托車的引擎種類，被歸類為「往復式活塞引擎」，它的英文名稱是「Reciprocating Engine」，Reciprocating是往復運動的意思，因爲是由活塞的往復運動帶動引擎轉動，因而被稱作「往復式活塞引擎」。順道一提，還有一種引擎稱作「轉子引擎」，不使用活塞，取而代之的是直接利用轉子進行迴轉運動的構造，與往復式活塞引擎並不相同。

　　往復式活塞引擎又可以更細分爲「汽油引擎」和「柴油引擎」。汽油引擎是將壓縮成十分之一比例的混合氣，利用火星塞點火燃燒的火花點火式引擎，因爲是以汽油作爲燃料，因此稱作汽油引擎。汽油引擎尚分「四行程」及「二行程」，目前以四行程引擎居多。其實二行程引擎也有許多優點，因此長期受到小排氣量引擎的青睞，然而因爲無法達到環保標準，現在僅有一小部分在使用。

　　柴油引擎則是將空氣強力壓縮到約二十分之一的比例，然後再將燃料（如柴油）噴射後使之燃燒的引擎。強力壓縮後的空氣氣溫會高達攝氏600度，再以這樣的溫度使燃料起火。它比汽油引擎的效率更高，但是卻因爲體積太大且太過笨重，加上震動過大，因此較不適用於摩托車。

配備轉子引擎的摩托車

照片提供：SUZUKI

引擎　　巨大的水箱

1974年開始販售（僅外銷）的SUZUKI「RE-5」是目前唯一搭載轉子引擎的量產摩托車。

轉子引擎及柴油引擎的摩托車

「所謂專業技術人員，就是即使只有一絲絲的可能性，都會試著去挑戰」，就如同這句話，摩托車也曾經不斷地挑戰轉子引擎和柴油引擎，只可惜一直都無法普及。先不論主要運用在卡車和巴士的柴油引擎，轉子引擎擁有震動小且可流暢地轉到高轉速的特性，既然可以運用在跑車，那理應也適合摩托車。但很遺憾地，當時的技術終究敵不過二行程和四行程的往復式活塞引擎，因而淡出了這個市場。

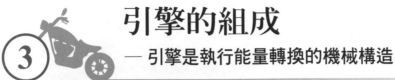

引擎的組成
— 引擎是執行能量轉換的機械構造

引擎是把燃料所擁有的化學能量轉換為熱能，再將熱能轉變為機械能的構造，也就是執行「能量轉換」的機械構造。透過「燃燒燃料」使化學能量轉換為熱能，再透過「燃燒產生的壓力使活塞活動，從中取得動力」的方式，進一步將熱能轉換為機械能。

執行燃燒燃料任務的，主要是位於引擎上半部的汽缸和活塞。它們負責將燃料供給到汽缸，於汽缸內部進行燃燒，再將汽缸燃燒後的氣體排出。

供給引擎燃料的，則是由化油器和燃油噴射這兩個進氣系統主導。它們將燃料和空氣混合成混合氣，再送至汽缸內。進入汽缸的混合氣受到活塞的壓縮後，點火燃燒、膨脹，把活塞強力下壓，將燃燒剩餘的氣體排出汽缸外。而排氣系統的消音器則負責將排放氣體順暢地導出，並有效抑制噪音和有害物質。

另一方面，「從燃燒的引擎中取得動力」的，主要是由位於引擎下半部的活塞、曲軸，還有連接這些機構的連桿等所負責。燃燒壓力所造成活塞下壓的力量，透過連桿傳達到曲軸，此時，活塞的直線運動會轉換為曲軸的迴轉運動，最後再成為引擎的動力。

進氣系統➔引擎➔排氣系統的流程

空氣濾清器

空氣導入口

進氣

引擎

消音器

排氣

圖片提供：BMW

引擎的性能是否能提高，和引擎本身、輸送空氣及燃料的進氣系統以及排出燃燒後氣體的排氣系統，有相當大的關聯。

引擎和人類的構造一樣？

「燃燒燃料以獲得能量，再將燃燒剩餘的氣體排出」的引擎原理，與人類等動物從食物中獲得能量的原理類似。從燃料獲得能量的引擎，和從養分得到能量的動物，雖然表現方式不盡相同，原理卻是一致的，兩者都是從有機物和氧氣的氧化反應取得能量。因此，得到能量後將水及二氧化碳排出的道理，也適用於蒸汽機。最大的差別，僅是在如稻米、小麥等食物是可不斷再生的農作物。

排氣量和壓縮比
— 排氣量並不是排氣的量？

引擎的大小，一般常用50cc或400cc等排氣量來表示。排氣量，從字面上來說，就是排放氣體的量，但具體而言到底是什麼呢？

首先，排氣量的定義是「活塞從下死點到上死點間移動所排出的氣體容積」，也就是受到活塞擠壓出的氣體容積。但是，如果你覺得「那不就是排放氣體的量嗎？」，那就過於武斷了。因為，排放氣體實際的量，還包括受熱膨脹的部分，與單純的排氣量是有差異的。

排氣量，並非顯示排放氣體的量，而應該是活塞活動範圍的汽缸容積，比較像是引擎所吸入的進氣量。利用活塞的汽缸內徑，和下死點到上死點之間的距離，也就是活塞的「行程」，計算此一圓柱的容積，即為一個汽缸的排氣量；再將這個值，乘上汽缸數，則是引擎整體的排氣量，這就稱作「總排氣量」。

另外，活塞在下死點到上死點之間，汽缸所壓縮的氣體容積比例，則稱為「壓縮比」。以四行程引擎來說，就是「活塞於下死點時汽缸的容積與活塞於上死點時容積的比率」，公式則是排氣量加上燃燒室的容積總和，除以燃燒室的容積。一般而言，壓縮比愈大，動力愈強，但對汽油引擎來說，若過度壓縮，會產生爆震現象等異常燃燒的狀況，因此汽油引擎的壓縮比通常都會控制在10左右。

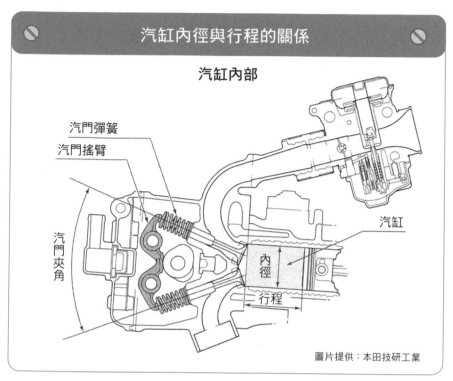

汽缸內徑與行程的關係

汽缸內部

汽門彈簧

汽門搖臂

汽門夾角

汽缸

內徑

行程

圖片提供：本田技研工業

右邊的黃色部分是汽缸。即使在相同的排氣量下，只要汽缸內徑和行程不同，則產生動力的方式和引擎迴轉的流暢度都會不一樣。

Motorcycle

下死點和上死點

活塞在汽缸內進行往復運動，是由向下移動的活塞，到某個程度，就無法再繼續往下移動，轉而往上，而往上到某個程度，又無法繼續往上時，轉而向下移動的運動。而下死點，指的就是活塞已經到了最下方的位置，要轉而向上的那個點；上死點，當然就是活塞在最高點的位置。總而言之，就是活塞運動改變方向的那個轉折點。而之所以稱作「死點」，則是因為下死點和上死點在改變方向的那一瞬間，活塞是處於停止不動的關係。

四行程引擎的構造
─ 讓燃料能夠規規矩矩燃燒的四行程引擎

　　汽油引擎是由吸入混合氣的「進氣」、使混合氣易於燃燒而進行的「壓縮」、將混合氣點火的「燃燒」、排出燃燒剩餘氣體的「排氣」，這四個燃燒循環週期，不斷重複地動作。而這一連串的過程，在活塞來回兩次的時間內完成的，就稱作「四行程引擎」；在活塞來回一次的時間內完成的，則是「二行程引擎」。四行程引擎實際上稱作「四行程一循環引擎」，而省略成四行程引擎或四循環引擎。

　　四行程的引擎，在每一行程，執行一個燃燒循環週期的過程。分別是❶活塞下行，汽門開啟使混合氣進氣；❷活塞上行，壓縮混合氣；❸將混合氣點火燃燒，燃燒的氣體膨脹推動活塞下行；❹活塞轉而向上，汽門開啟排氣。

　　燃燒前的混合氣和燃燒後的排氣，就如同通勤電車般，毫不紊亂、井然有序地進出。為了能達到這般井然有序，勢必需要其本身構造上的配合。和二行程引擎相比，四行程引擎因為引擎每兩次來回僅燃燒一次，因此動力較低，控制進氣與排氣的汽門機械構造也必須比較講究，引擎本身無法避免會較大且複雜，這些都成為四行程引擎的缺點。

　　因此，二行程引擎曾經有好一陣子都占了上風。但是後來因為燃油消耗率及排氣清淨愈來愈受到重視，現在幾乎都成了四行程引擎的天下了。

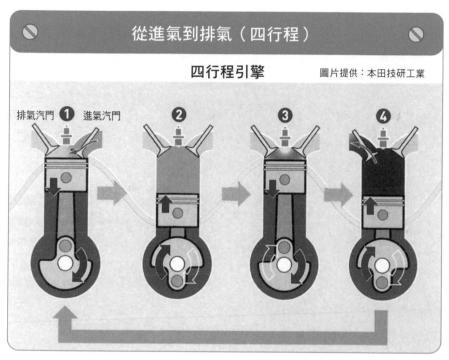

從進氣到排氣（四行程）

四行程引擎

圖片提供：本田技研工業

排氣汽門 ❶ 進氣汽門　❷　❸　❹

四行程引擎是每兩個往復運動點火燃燒一次。雖然這樣的構造會讓人覺得效率不彰，但卻能使排氣的汙染較小。

行程是什麼？

行程也可稱作衝程，是指活塞從上死點到下死點、下死點到上死點之間的移動，或其移動的距離。一行程指的是單程，所以活塞的兩個往復運動，稱作四行程。而在這期間，完成一次點火燃燒的引擎，稱為四行程引擎。活塞的一個往復運動是一迴轉，四行程引擎也就是引擎兩迴轉點火燃燒一次；而二行程引擎則是在二個行程（引擎一迴轉）的期間，完成一次點火燃燒。

二行程引擎的構造
— 用簡單的構造得到最大的動力

6

　　二行程引擎以它的小型輕量且動力強大著稱。這是因爲引擎一個迴轉就點火燃燒一次，造成它的強大動力，同時又不像四行程引擎般需要汽門機構，因此可以如此精巧。然而，二行程引擎燃油消耗率差及排氣汙染的缺點，卻也起因於它本身的獨特構造。

　　二行程引擎是利用汽缸上的孔穴進行進氣和排氣。孔穴位於汽缸的下方，當活塞上部低於孔穴的位置，孔穴會開啓；而當活塞高於孔穴的位置時，孔穴則會關閉。

　　當活塞到達上死點而停止壓縮時，活塞會因爲燃燒而下壓，二行程引擎會在活塞下降的途中，開啓排氣孔排氣；接著出現的，則是能夠取出混合氣的掃氣孔，配合排氣開始進氣。當過了下死點，活塞開始上升後，掃氣孔、排氣孔先後關閉，上升至一半時開始執行壓縮。也就是說，當活塞在上部時，進行「壓縮」與「燃燒」；而在下部時，則執行「進氣」和「排氣」。

　　而此，最大的問題則在於進氣與排氣爲同時進行。因爲部分新的混合氣會隨著廢氣一同排出，使得燃油消耗率惡化，排氣中的有害物質也增多，這樣的現象被稱作「竄跑」。雖然有研究指出，可以利用排氣的壓力將新的混合氣擠回，但終究還是無法達到像四行程引擎般的清淨度。

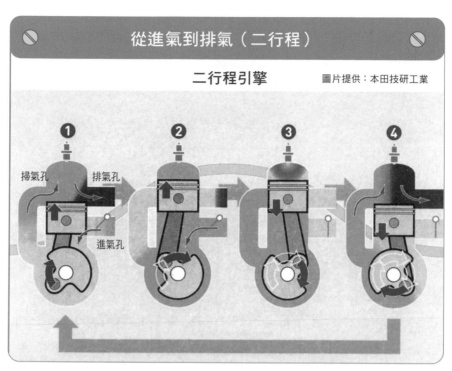

從進氣到排氣（二行程）

二行程引擎

圖片提供：本田技研工業

❶ ❷ ❸ ❹

掃氣孔　　排氣孔

進氣孔

當混合氣進入二行程引擎的曲軸箱，會預先稍稍壓縮後，再進入汽缸。

Motorcycle

二行程引擎的二度壓縮

二行程引擎在構造上，並非是由混合氣自然地吸入汽缸內。它會事先先將混合氣稍稍壓縮，再利用這個壓力流入掃氣孔。這樣的「預先壓縮」，是在曲軸箱內進行。曲軸箱（位於活塞下方）內的壓力，隨著活塞上升而下降，混合氣就會順勢被吸入曲軸箱。接著於活塞下降時壓縮，利用汽缸壁上的掃氣孔打開的瞬間，藉由本身的壓力流入汽缸內。

馬力和扭力

── 馬力和扭力的差別？

⑦

我們即使聽過「馬力」和「扭力」這兩個字彙，仍不確定其真正的意思。雖然常常隨口提到，但到底這兩個字彙是什麼意思呢？

簡單來說，馬力就是「引擎產生的力量」，這個從字面上就可以想像；而扭力，則常被解釋為「迴轉力」。兩個都是「力」，也難怪會令人搞不清楚之間的差異。

雖然馬力和扭力在日文上，都是「力」（中文當然也是），而實際上，馬力的力，是Power；而扭力的力，則是Force。正因為它是用同一個詞去表示不同的意思，才會衍生出令人困惑的結果。

意思應該為Power的馬力，以力學的術語來說，叫做「功率」，也就是在一定時間內可完成的工作數。所謂的「工作」，指的是「力道大小×物體移動的距離」；對引擎而言，則意味著用多少的扭力，可以迴轉到怎樣的程度，也就是「扭力×迴轉的次數」來決定。能知道一定時間內的迴轉數，就可以換算功率（馬力）。因此，確切地說，馬力和扭力之間的關係，就是「馬力（kW）＝扭力（Nm）×迴轉數（rpm/9550）」。

當要得到某一特定馬力時，扭力小則迴轉數就必須高；相反地，當扭力大時，迴轉數就必須低。而當扭力相同時，迴轉數愈高則馬力愈大，這就是為什麼高動力引擎通常都有高迴轉數的原因。

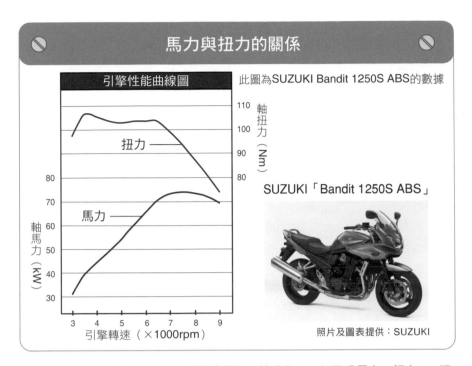

馬力與扭力的關係

引擎性能曲線圖

此圖為SUZUKI Bandit 1250S ABS的數據

扭力

馬力

軸扭力（Nm）

軸馬力（kW）

引擎轉速（×1000rpm）

SUZUKI「Bandit 1250S ABS」

照片及圖表提供：SUZUKI

圖表中，扭力曲線在3500rpm時到達頂點而轉為向下，但因為馬力＝扭力 × 迴轉數，所以馬力仍繼續上升。

性能曲線與引擎特性

在摩托車型錄的最後一頁都會附上的「引擎性能曲線」，藉由引擎迴轉數及馬力和扭力的兩條曲線關係圖，能有效幫助我們了解引擎特性。代表扭力的曲線愈平緩，表示扭力較不會因為迴轉數大小而有太大差異，是較容易操控的引擎。擁有這種特性的引擎，又稱作「扭力重視型」。相反地，迴轉數愈高，扭力也愈大，扭力曲線較陡峭的，則是「加速重視型」的高轉速引擎。這種引擎的性能毫無疑問地是較為優越，但在操控上也絕非一蹴可及。

最高速與引擎動力
― 最高速是受制於引擎動力？

8

「只要沒有阻力，正在移動的東西就不會停止移動」，這是慣性的定律。依照這項慣性定律，當摩托車以一定的速度前進就應該不需要引擎。但實際上，就是因為摩托車在行進間，會有妨礙它前進的力量，也就是行走阻力的發生，因此若什麼都不做，它的速度一定會愈來愈慢。而為了對抗行走阻力，就必須啟動油門。

行走阻力的發生原因可以分為幾類：輪胎旋轉時與地面接觸的「滾動阻力」、推擠空氣時的「空氣阻力」，另外還有「坡度阻力」和「加速阻力」等。其中，滾動阻力和空氣阻力是只要車子在動，就一定會發生。而空氣阻力是速度的平方之多，因此速度愈快，空氣阻力就會愈急速地增加。當時速超過100公里時，空氣阻力就如一面牆擋在面前，光是要維持速度，都需要非常大的動力。這也就是為什麼對高速巡航車而言，空力性能會變得很重要的原因。

在這樣的狀態下，若引擎仍行有餘力，繼續催油門可讓摩托車的速度更快。如果要讓加速更順利，可以利用降檔提高引擎迴轉數，以增加驅動力。然而當速度愈來愈快，就有可能發生驅動力和行走性能無法取得平衡，因而無法加速的情況。終究，不管是用怎樣的齒輪或甚至將油門開到最大，都僅能維持速度而無法進一步加速——而此時的速度就是最高速。所謂最高速，就是摩托車所能產生的極限驅動力與行走阻力之間達到完美平衡的狀態。

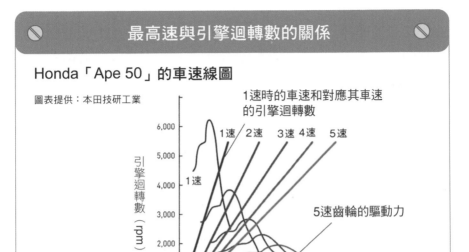

最高速與引擎迴轉數的關係

Honda「Ape 50」的車速線圖

圖表提供：本田技研工業

1速時的車速和對應其車速的引擎迴轉數

引擎迴轉數（rpm）

6,000
5,000
4,000
3,000
2,000
1,000

1速 2速 3速 4速 5速

1速

5速齒輪的驅動力

2速
3速
4速 5速

坡度為0%的行走阻力

10 20 30 40 50 60 車速（km/時）

代表5速齒輪驅動力的山形曲線（淡紫色），和代表在平坦路上行走阻力的右上揚曲線（綠色）的相交點，是5速齒輪的最高速。在這個圖上，也可以判讀最高速時的引擎迴轉數。

Motorcycle

利用行走性能曲線來觀察密齒比

在上方圖表中，顯示的是速度與「各齒輪的驅動力（山形曲線）」、「不同坡度下的行走阻力（上揚的曲線）」、「各齒輪的引擎迴轉數（上揚的直線）」之間的關係。在此請先看看驅動力的圖形。以某速度行進時，將齒輪升一檔。可以發現，升一檔後的齒輪驅動力，會相當於下方曲線的相同速度（因為縱軸是速度，因此在正下方）。這是因為齒輪比提高以致驅動力下降，圖表顯示的就是這兩條曲線的落差。齒輪比愈密，這個落差就會愈小。

扭力特性和加速之間的關係
— 怎樣的摩托車會讓人覺得加速感很棒？

9

　　騎士在選擇摩托車時一定不能忽略的，是隨著迴轉數改變的扭力變化，也就是「扭力特性」。在此，以Honda的「CBR954RR（954cc）」和「VFR」（781cc）作為例子說明。

　　請先參考右圖。CBR954RR的動力，可以很輕鬆地達到7,000轉。而扭力的部分，在3,000～4,000轉，及在4,500～5,500轉之間，扭力呈現急遽升高的狀況，卻又在4,000～4,500轉時變得平緩。可以看得出，它的變動是非常劇烈的。而到了約5,500轉以後，扭力就開始驟降，但因為引擎持續迴轉，因此動力仍不斷升高。

　　也就是說，CBR954RR是屬於在5,500轉這個相對不算高的迴轉數下，達到最高扭力的摩托車。因此對騎士來說，不僅要徹底了解其扭力的變化，更必須要有非常高超的控制技巧才行。

　　接下來讓我們來看VFR。VFR從3,000轉到最大扭力的7,500轉，扭力呈現緩緩地上升。因此馬力的表現，也比CBR954RR和緩許多。

　　也就是，VFR的馬力表現，不像CBR954RR那般劇烈，它是屬於扭力變化較小的「扭力重視型」引擎，對騎士而言會比較容易操控。

　　在低～中迴轉領域內，扭力較安定的摩托車，會對油門操作直接產生反應，加速也是和緩的。因此，不是在環繞賽道，而是在街道舒適地騎乘的話，這種重視扭力型的摩托車就再合適不過了。

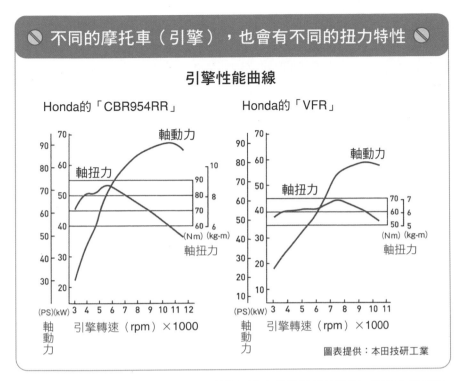

不同的摩托車（引擎），也會有不同的扭力特性

引擎性能曲線

Honda的「CBR954RR」　　　　　Honda的「VFR」

軸動力

軸扭力

軸扭力

(Nm) (kg-m)

引擎轉速（rpm）×1000

軸動力

圖表提供：本田技研工業

扭力表現變化較大的CBR954RR，需要駕駛人非常優越的技巧；而扭力輸出平穩的VFR，在低～中迴轉領域內，扭力較安定，當然也較容易駕馭。

性能曲線的解讀方法

引擎的性能曲線，表現的是引擎在全負荷（油門全開）的狀況下，也就是引擎「玩真的」時候的性能。因此，若是油門沒有全開，其動力和扭力會呈現出與圖表截然不同的曲線，因而可能會落在圖表曲線下方的某個位置。假設這個位置是A點，則A點到圖表中曲線的距離，顯示的是該摩托車還有多少扭力和動力的餘裕空間，而這就和將油門更加打開時的加速和力道有關了。和曲線之間的距離愈大，顯示可發揮空間愈大，只要能更快的加速，就能更加感受到它的力道。

活塞
⑩ — 活塞是引擎最重要的零件

　　擔任引擎活動中最重要角色的，就是在汽缸內上下移動的「活塞」。活塞是一個矮圓柱體，於汽缸內部的圓筒型空間裡進行往復運動。汽缸的上方有一個如同蓋子般的「汽缸蓋」，內部則是密閉空間。汽缸蓋是由吸入混合氣時開啟的「進氣汽門」，和排出燃燒氣體時開啟的「排氣汽門」所組成。

　　四行程引擎「進氣」時，活塞下降，就如同用針筒將藥水吸入的方式，將混合氣吸入。當活塞到達「下死點」時，轉向上升，開始「壓縮」，並準備將壓縮的混合氣點火燃燒。當活塞到達「上死點」時壓縮終了。接下來再透過點火開關點火「燃燒」，活塞會因為燃燒氣體膨脹而強力下壓，到達下死點的時候，開始進入「排氣」階段。轉向上升的活塞將燃燒氣體擠出，到達上死點的時候，又開始重複「進氣」這整個循環。

　　這一連串的動作，以四行程引擎來說，相當於引擎兩迴轉。而以引擎每分鐘進行數千次迴轉的速度來看，活塞的上下運動是非常劇烈的，活塞來回轉變方向的上死點和下死點也承受著如此激烈的加速度。因此，一般會將活塞盡可能地設計成輕量，如同倒過來的杯子一樣，內側是空心的。此外，承受燃燒熱度的能力，及抵抗燃燒氣體膨脹的能力，也是設計時的考量重點。

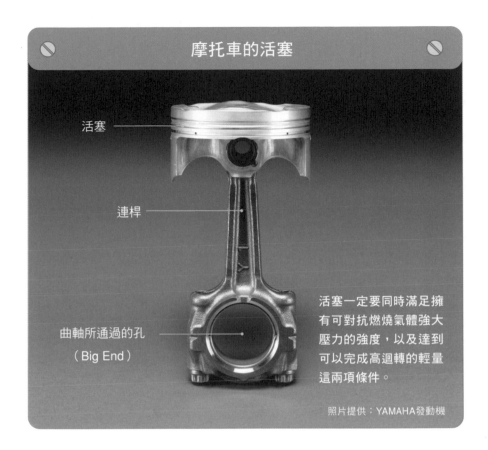

摩托車的活塞

活塞

連桿

曲軸所通過的孔
（Big End）

活塞一定要同時滿足擁有可對抗燃燒氣體強大壓力的強度，以及達到可以完成高迴轉的輕量這兩項條件。

照片提供：YAMAHA發動機

Motorcycle

活塞環

活塞的外圍，箍有二或三個環，這些環就稱作「活塞環」。宛如纏頭布般纏繞著的活塞環，提高了汽缸和活塞之間的氣密性，除了可以預防失壓或漏氣，還可協助因燃燒受熱的活塞散熱。四行程引擎有一種活塞環稱作「油環」，它可以有效地將附著在汽缸壁上的多餘機油刮除。

曲軸與連桿
── 能夠將活塞力量轉變為動力的曲軸

　　引擎動力的來源，就是將活塞強力下壓的燃燒氣體膨脹力；而活塞所承受的力量，則是靠曲軸與連桿來傳達。活塞的力量，經由連桿和曲軸傳送到變速器。

　　連桿是連接活塞和曲軸的棒狀零件，一邊是活塞，另一邊則是曲軸，也就是機軸的一部分，藉由活塞下壓的力量，帶動曲軸迴轉。連桿和曲軸就如同騎腳踏車時，腳和踏板之間的關係，將直線運動轉變為迴轉運動。而差別在於摩托車的迴轉力會成為引擎的扭力。

　　僅有一汽缸的單缸引擎，就像是只有一個踏板的腳踏車，只有一根連桿，曲軸構造也比較單純。而當汽缸的數量增加，與其對應的連桿數也會增加，機軸也會因為連接更多曲軸使得構造更加複雜。

　　活塞在「燃燒」這個步驟所產生的下壓力，會驅使曲軸迴轉，而當活塞到達下死點時，則轉為由曲軸迴轉的力道，帶動活塞移動。此時，引擎運轉可能產生不穩定，而「飛輪」可讓引擎迴轉平穩。飛輪就如同迴轉時的砝碼，可以儲存迴轉動能，讓引擎迴轉更加流暢。

引擎的心臟部位

飛輪

活塞

連桿

機軸

照片提供：YAMAHA發動機

將活塞的直線運動轉為迴轉運動的，是連桿和曲軸；而兩個以上的曲軸，則構成機軸。

踏板車的機軸

兒童用的踏板車，是利用交互踩踏左右踏板來移動。踏板是將棒狀物扭轉成曲軸狀，基本上和引擎的機軸形狀類似。踏板與連桿相連的部分稱為「軸銷」；位於迴轉中心的軸則稱作「曲軸頸」。擁有兩個踏板的踏板車，如果以引擎術語來說，叫做「二缸引擎曲軸」。每個踏板（曲軸）與機軸的相對配角為180度，引擎術語則稱這種曲軸為「180度曲軸」。

長行程與短行程
— 左右引擎性格的汽缸內徑與行程

一個汽缸的排氣量，是由汽缸內徑與行程的大小來決定的。在相同的排氣量之下，汽缸內徑較大則行程較短；汽缸內徑較小則行程較長。汽缸內徑大於行程時，稱為短行程；相反的則是長行程。而汽缸內徑尺寸與行程長度相等時，則稱為「方型汽缸設計」。汽缸的內徑與行程，就如同一般所說「短汽缸高轉速」，會高度地影響引擎性能。

曲軸每迴轉一圈，活塞會進行一次往復運動。假設，引擎每分鐘6,000轉，活塞在每一秒鐘，就需要進行100次往復運動，其所移動的距離，就會是行程的200倍。而活塞在上死點及下死點時，又會短暫地暫停，可想而知，它是以多麼猛烈的速度，不斷重複著加速與減速的動作。

所以，如果行程較短，活塞移動的速度也相對地不需要太快，使得短行程的引擎可以較輕易地提高轉速，因此基本上較適合可換取動力的高轉速型引擎。因為短行程的汽缸內徑較大，引擎的寬度也會比較寬，偏重馬力的摩托車，大多會採用短行程的引擎。

長行程的引擎，因為活塞移動速度需要非常快，因此欲達到高轉速就相形困難。然而它卻有高扭力的特徵，在低轉速即充滿力量，是較容易駕馭的引擎，也因此，小排氣量的車，較常使用長行程或方型汽缸設計的引擎。

搭載長行程引擎的摩托車

KAWASAKI「250TR」

照片提供：KAWASAKI MOTORS JAPAN

跑車通常多是短行程，而巡航車則以較易操縱的長行程爲主。

活塞速度

活塞在汽缸內移動的速度稱爲「活塞速度」。摩托車的引擎排氣量較小，行程也較短，與汽車引擎相比，其活塞速度較慢，因此也較容易到達高轉速。例如，以行程爲50公釐的引擎來計算，每分鐘6,000轉時的活塞速度平均值爲每秒10公尺，換算成時速，則爲36公里。這樣子的數字也許並不令人意外，但是，如果從活塞每0.005秒就要重複著上到下，以及下到上的往復運動這個角度來看，這樣劇烈的作動，可就一點都不尋常了。

進氣汽門和排氣汽門

⑬ ─ 混合氣的入口與排氣的出口

　　四行程引擎所燃燒的混合氣，是經由設置於汽缸蓋上的進氣口這個通路，供給到汽缸內部；同樣地，燃燒後的燃燒氣體，則經由排氣口排出汽缸外。而執行開啓或關閉這兩個通路的，就是進氣汽門和排氣汽門。

　　順帶一提，所謂二汽門或四汽門，指的是一個汽缸所搭配的汽門數量。通常增加汽門數，主要是爲了增加汽門的總面積，使進排氣更加順暢；而因爲增加也是有限度的，因此通常都會增加較重要的進氣汽門數量，甚至到三汽門或五汽門。

　　進排汽門的形狀，如同顛倒的香菇，傘狀部位的作用是關閉進排氣口。它們的作動和按壓式原子筆很類似，平常汽門因爲彈簧的力量呈現關閉的狀態，而藉由按壓軸的尾部，使傘狀部位伸入燃燒室。此時，傘狀部位和進排氣口之間會產生間隙（此時狀態則爲開啓）。藉由這樣的構造，使得混合氣與排氣氣體可以進出。

　　進氣汽門在引擎「進氣」時開啓，排氣汽門則在「排氣」時開啓。而因爲汽門會深入燃燒室，因此若時間點不正確，可能會造成與活塞相撞的窘境。爲了避免這樣的狀況，汽門會和與活塞連動的曲軸連接，以進行開關動作。因此，即使引擎每分鐘10,000轉，汽門總是能在正確的時間點開啓。

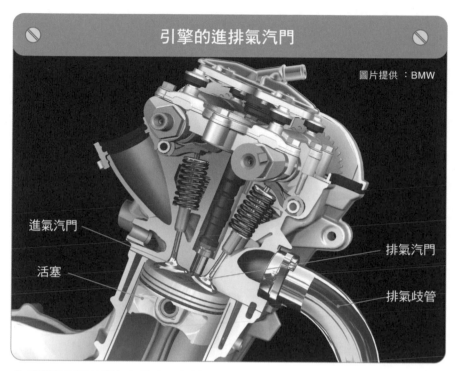

引擎的進排氣汽門

圖片提供：BMW

進氣汽門

活塞

排氣汽門

排氣歧管

作為高溫高壓的排氣氣體出口的排氣汽門口徑較小，而作為混合氣入口的進氣汽門則盡可能地做大。

汽門開關的時間點會稍稍調整？

進排氣汽門，是在「進氣」和「排氣」之間進行開啟，時間點就相當於引擎半迴轉。這個時間相當地短，以3,000轉這樣的低轉速，汽門開啟的時間就只會有0.01秒。在這麼短的時間內，汽門必須完全開啟再關閉。因此，引擎會將汽門開關時間（汽門正時）稍微調整，再利用混合氣與排氣本身的慣性，提高進排氣的效率。更具體一點來説，在進氣汽門開始「進氣」前，提早一步開啟；在排氣汽門「排氣」之後，晚一些關閉。

汽門的驅動方式
─ 令進排氣汽門作動的機械構造

　　讓進排氣汽門作動的原動力是曲軸。曲軸的迴轉是透過鏈條或齒輪傳送到凸輪軸，再藉由凸輪軸控制汽門開關。凸輪軸的軸上並列著許多蛋型的「凸輪」，凸輪可以使迴轉運動轉變為直線運動，並隨著凸輪軸的迴轉，在一定的間隔時間內直接或間接地下壓汽門的軸，以開關汽門。

　　常常聽到的「DOHC（Double Over Head Camshaft）」、「OHC（Over Head Camshaft）」、「OHV（Over Head Valve）」，表示的都是不同的汽門構造。

　　DOHC，稱作「雙凸輪軸引擎」，在汽缸蓋上，設置有進排氣專用的凸輪軸。整體而言雖較複雜，但讓汽門運轉的構造較簡單且量輕，因此較適合高迴轉且高馬力的引擎。最早，有凸輪直接把汽門下壓的直壓式設計，現在則多了一種搖臂式設計。

　　OHC，稱作「頂置式凸輪軸」，是由一支凸輪軸搭配一支搖臂，以帶動進排氣汽門開關。雖然轉速的部分不如DOHC優越，但整體構造較簡易。而SOHC的「S」，則是單一的意思。

　　OHV，稱為「頂置式汽門」，凸輪軸設置在曲軸旁，透過長棒形的推桿，將凸輪的運動，傳送到汽缸蓋的搖臂，使汽門開關。雖然算是比較老舊的形式，但因為在汽缸蓋上不需有凸輪軸的設計，因此整體造型較短小。

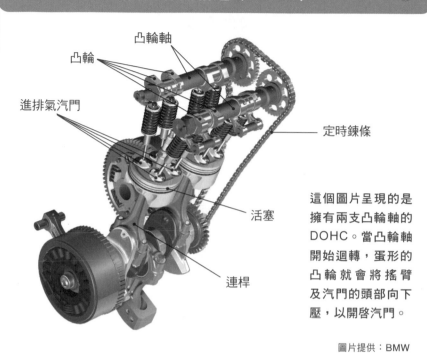

汽門的作動構造（DOHC）

凸輪軸

凸輪

進排氣汽門

定時鍊條

活塞

連桿

這個圖片呈現的是擁有兩支凸輪軸的DOHC。當凸輪軸開始迴轉，蛋形的凸輪就會將搖臂及汽門的頭部向下壓，以開啟汽門。

圖片提供：BMW

Motorcycle

可變汽門正時的機械構造

在進氣汽門開始「進氣」前，提早一步開啟；在排氣汽門「排氣」之後，晚一些關閉。在這之間，進排氣汽門處於同時開啟的狀態，此時稱為「汽門重疊」。對提高引擎性能而言，汽門重疊是相當重要的設定；然而最困難的，在於最適設定會因為引擎的迴轉不同而改變。因此，發明了可隨著迴轉數而改變汽門正時設定的可變汽門正時機構。甚至還有可調整汽門開啟程度的系統，可以更進一步地提高引擎性能。

汽缸數
── 汽缸愈多性能愈好？

15

在二行程引擎漸漸消失的現今，摩托車的引擎市場僅剩下四行程。但是，引擎的變化仍相當豐富，不同的排氣量或形式所展現出的不同個性，仍相互爭奇鬥豔。其中，單缸、雙缸、複數汽缸等不同的汽缸數量，不僅直接影響到引擎的外觀，更是左右其性格的主要因素。一個汽缸的引擎稱為單缸；兩個汽缸的引擎稱為雙缸；三個以上的汽缸則稱為複數汽缸。

而為什麼引擎汽缸有多有少呢？最單純的原因就是「為了增大排氣量」。通常要增加排氣量，必須擴大汽缸內徑或行程。然而，大幅度地變更排氣量，將會導致一些問題產生。例如，擴大汽缸內徑，會使得活塞變得巨大且笨重；而擴大行程，則會使活塞移動速度必須更快速。這些都會使引擎迴轉更為吃力且振動問題愈趨嚴重，就算最後可以達到動力提升的目的，卻仍無法避免產生一些副作用。因此，要大幅擴張排氣量，就只能增加汽缸數量了。

將以上觀點反過來說，用增加汽缸數的方式，活塞可以保持小型輕量，行程短亦利於迴轉。結果，更高的迴轉帶來更高的馬力，振動也相對減少，引擎的運轉得以更加流暢。綜合來說，排氣量愈大，或是引擎性能愈高，愈多採用複數汽缸的引擎。

搭載六汽缸引擎的摩托車

HONDA「CBX1000」

照片提供：本田技研工業

1979年問世的HONDA「CBX1000」，是全球第一台搭載DOHC並列六汽缸引擎的量產摩托車，其令人咋舌的引擎寬度也是世界第一。

Motorcycle

複數汽缸引擎最多可以到幾個汽缸？

複數引擎，通常指的是四汽缸引擎。超過這項標準的，就屬搭載六汽缸水平對臥式引擎的日本國產HONDA GOLD WING，在此之前HONDA已經生產過裝備並列六汽缸引擎的摩托車。除此之外，還有一個較特殊的例子，則出現在美國，搭載汽車用V8引擎，馬力超過400hp，超越常理的摩托車。相反地，小型摩托車中，曾經有五汽缸125cc的賽車，和現在市面上較廣為人知的四汽缸250cc型摩托車。

汽缸的排列方式
― 左右引擎特性的汽缸排列方式

即使同樣是四行程，摩托車的引擎仍有各式各樣的性格。回應力、起動力、音浪、振動等，在規格表上無法顯示的領域中相互競爭。特別是擁有兩個以上汽缸的引擎，更會因為汽缸的排列方式，大大地影響其引擎性格。因此，汽缸的排列方式，可以說是左右摩托車魅力的重要元素。

汽缸的排列方式不只一種，其中最正統的排列方式，是複數的汽缸排成一列的並列式，英文則稱作Parallel或In-line；以兩個汽缸的引擎來說，就稱為並列雙汽缸。最近，則多與汽車用語的直列式引擎通稱。

V型引擎就如同字面上的意思，汽缸配置狀況呈現V型。兩個汽缸稱為V型雙汽缸；四個汽缸則稱作V型四汽缸。一般來說，只要從摩托車的側面看，就能看到明顯的V型排列。和並列型引擎相比，它的長度較長，寬度較窄，是屬於追求摩托車造型精瘦的排列方式。V型汽缸排列的角度稱為斜角或夾角，不同的夾角，所呈現的引擎駕馭感也會不同。

另外還有少數摩托車，如BMW所擁有的獨特水平對臥式引擎。這是由獨立的汽缸水平伸展於左右，活塞則面對面進行對稱的運動，看起來就像是拳擊手出拳，因此也有人稱作「拳擊手引擎」（Boxer Engine）。

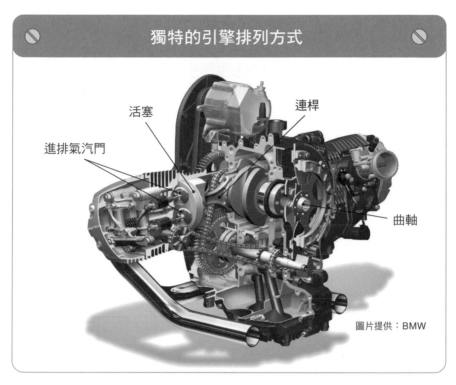

活塞

連桿

進排氣汽門

曲軸

圖片提供：BMW

BMW自1920年代開始採用的水平對臥雙汽缸，外觀上主要特徵是向左右突出的汽缸，可以說是個性派引擎的代表作。

汽缸排列方式的主流類型

過去曾經大行其道的仿賽跑車，陸陸續續搭載了繼承自賽跑機器的特殊引擎。前二後一的V型三汽缸（HONDA）、將並列雙汽缸組合成V字形的二曲軸V型雙汽缸（YAMAHA）、將四個汽缸排列成田字型的Square Four（SUZUKI）、還有將兩個汽缸前後並列的Tandem Twin（KAWASAKI）。雖然這些類型的引擎汽缸排列方式，可說是空前絕後，現在也都已不復見，但它們仍充分代表了提高引擎性能的神奇科技。

單汽缸引擎
── 單汽缸是摩托車用引擎的基本款

17

　　單汽缸引擎就是只有一個汽缸及活塞，形式最為基本的引擎構造。簡單，是它最大的特徵。因為單汽缸引擎的簡單，使它利於製造，加上摩擦阻力等機械性的動力損耗較小，燃油消耗率也較為優越。又因為內部零件相對較少，當然成本也較低廉，維修也更為容易。

　　因為以上優點，使得單汽缸引擎廣泛運用在小排氣量的摩托車上，如速克達或商用車。在輕型摩托車界中，單汽缸引擎可說是一支獨秀。此外，對於多功能的越野車來說，為了提高行走性能，最直接的方式就是降低重量，因此通常也會搭載單汽缸引擎。

　　然而，相較於多汽缸引擎，單汽缸引擎最大的問題就是較難取得馬力。引擎必須靠提高迴轉數以取得馬力，對活塞大且行程長的單汽缸引擎而言，要達到高轉速絕非容易。此外，引擎每二迴轉爆發一次的頻率間隔過長，使得引擎運轉較不流暢，這也是其缺點之一。又因為單汽缸引擎的振動較嚴重，因此有的引擎也會採用平衡器來抑制振動。

　　當排氣量愈大，上述的缺點就會愈嚴重。但是有一部分的中型車（約介於450cc～1000cc）卻刻意做成單汽缸的設計。排氣量大的單汽缸引擎稱為大單缸引擎，其強烈的鼓動感、動力的突破感以及俐落的車體所帶來的輕盈感等，都是死忠粉絲強力支持的理由。

HONDA「CRF450R」的引擎

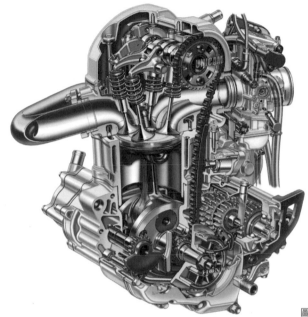

原本給人老舊感覺的單汽缸引擎，因為噴射化的設計而重新復活，現在也陸續採用最先進的技術。

圖片提供：本田技研工業

用振動來減低振動的平衡器

50cc這種小型引擎，其活塞等需要移動的零件也相對較輕，因此即使是單汽缸引擎，它所引發的振動也不至於太嚴重。然而當排氣量增加，隨之而來的振動也會變得劇烈。因此，必須採取抑制引擎振動傳導的方法對應。而平衡器可以使振動本身趨緩。這是藉由故意產生振動的方式，抵銷引擎本身引發的振動，將配有砝碼的曲軸與引擎迴轉一同連動的機構設計。

並列雙汽缸引擎
—— 並列雙汽缸是摩托車用引擎的標準型

以中型車（約介於450cc～1000cc）為主要對象的並列雙汽缸引擎，是自古就流傳下來的熱門引擎。與單汽缸引擎相比，汽缸內徑小且行程短，能夠較容易提高轉速並取得馬力；而引擎的寬度較廣，相對地高度較低，因而同時兼顧了馬力及尺寸控制。

兩個汽缸比鄰而居的並列雙汽缸引擎，因為汽缸體與汽缸蓋互相靠近，使它的構造比V型雙汽缸等來得簡單。又由於它的引擎橫幅如單汽缸引擎般較寬，其化油器及排氣管等進排氣系統的配置，也能夠與單汽缸引擎一樣單純。

四行程的並列雙汽缸引擎，其曲軸夾角有360度、180度和270度等。曲軸夾角360度的引擎，兩個活塞動作畫一地上下移動，左右汽缸交互燃燒，因此引擎爆發間隔也均等。它適合重視中低速的引擎，大多數的並列雙汽缸引擎也採用此種類型。不過因為兩個活塞上下移動的動作一致，使得振動較大，因此通常都會備有平衡器。

曲軸夾角180度的引擎，兩個活塞交互地上下移動，引擎爆發間隔並不均等，但因為其協調的迴轉能力，所以相當擅長於高轉速。曲軸夾角270度的引擎只有極少數摩托車採用，主要是因為爆發間隔不均等，迴轉較不協調，振動也很多。看起來似乎沒什麼優點，但身為並列雙汽缸引擎，卻能擁有單汽缸引擎的鼓動感和張力，這就是它最大的特色了。

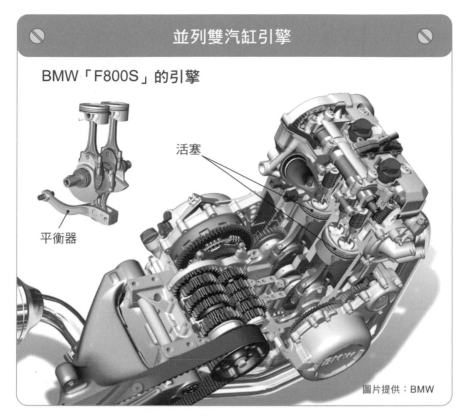

並列雙汽缸引擎

BMW「F800S」的引擎

活塞

平衡器

圖片提供：BMW

並列雙汽缸引擎最大的問題就是振動。但近來利用將平衡器裝置在引擎下方以消除振動，使並列雙汽缸引擎再度充滿魅力。

Motorcycle

垂直雙汽缸引擎

並列雙汽缸引擎是由兩個汽缸左右並列的形式，且通常汽缸會稍稍向前傾。汽缸傾斜的設計，是為了降低汽缸高度及重心。然而，其中也有優雅直立的並列雙汽缸引擎，這種引擎稱作垂直雙汽缸引擎，代表性的廠牌是英國的凱旋（Triumph）。通常稱作垂直式的，都以雙缸引擎居多，但仍有少部分單缸引擎也稱作垂直式引擎。

V型雙汽缸引擎
── 擁有特殊性格，充滿魅力的個性派引擎

　　哈雷、DUCATI（杜卡迪）這些專門生產充滿個性摩托車的製造商，可以說是擁有超高人氣。而最足以象徵這兩個製造商旗下摩托車的，就是它們充滿獨創性的V型引擎。哈雷的V型夾角為45度，而杜卡迪則是L型的90度夾角。他們所採用的引擎可說是獨一無二。

　　因為V型雙汽缸引擎的汽缸是前後排列，其曲軸就和單汽缸引擎一樣短。雖然身為雙汽缸引擎，但引擎寬度卻比並列式雙汽缸引擎短，對於要追求俐落感的摩托車來說，是最適合不過。

　　雖然兩個分別獨立的汽缸體使得重量大幅增加，進排氣系統也更為複雜，但獨特的引擎感、輕快的操縱感，這些優點足以彌補其本身的缺點。

　　兩個汽缸呈現直角的90度V型引擎，最大的特徵就是振動極小，可以流暢地提高轉速，並輕易地取得馬力。因此，重視行走性能的街車，若選擇V型汽缸，通常都會是90度V型汽缸。又因為它的引擎爆發間隔不均等，使得其動力感、排氣音、脈動感都強烈且震撼，這也正是它的魅力所在。

　　當V型夾角非90度時，會使振動增加，爆發間隔偏移，進而產生更特殊的引擎感。如果將複數汽缸引擎比喻為精密儀器，那麼，V型雙汽缸引擎就像是有血有肉的生物。從中型機車到1000cc以上的摩托車，以哈雷機車為主的大部分美式嬉皮車都選擇採用這種引擎的理由，就是因為愛上它的特殊性格。

V型雙汽缸引擎

HONDA「VTX」引擎

圖片提供：本田技研工業

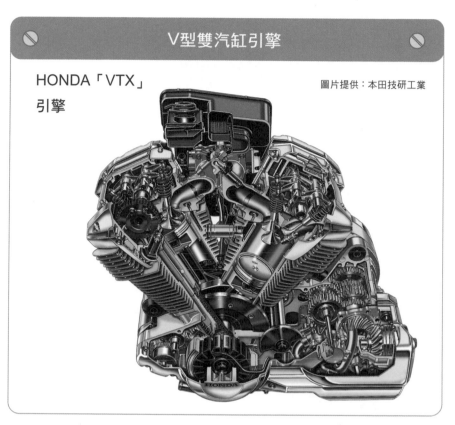

曾經是特殊存在的V型雙汽缸引擎，最近開始被廣泛地使用在跑車或美式嘻皮車。

引擎幅度寬（？）的V型雙汽缸引擎

通常從摩托車的側面看V型雙汽缸引擎可以看見V型的形狀。它的曲軸和單汽缸引擎或並列雙汽缸引擎一樣呈對向，算是極普通的排列方式。然而，有少數摩托車，如Motor Guzzi，將引擎方向旋轉90度，改為縱向的V型雙汽缸，從摩托車前方看，汽缸蓋從摩托車的兩側突出，呈現「V」形。此外，因為曲軸也呈縱向，因此，變速器等構造也是各自獨立。

並列四汽缸引擎

── 爲了追求高性能而誕生的引擎

20

爲了追求摩托車速度的提升，首先就得提升引擎動力。因爲不論是速度或是加速能力，都取決於動力。在摩托車的進化過程中，經常爲了追求動力提升而改良引擎。最後，終於誕生了擁有四個汽缸並行排列的並列四汽缸引擎。

在相同的引擎排氣量下，汽缸數量愈多，汽缸內徑與行程可以更小。如此一來，更有利於高迴轉的功率發揮，而轉速愈高，所得到的馬力也能相對提高。

單汽缸不如雙汽缸，雙汽缸又不如多汽缸；汽缸數量不斷增加的目的，就是爲了得到更高的馬力。

讓四個汽缸並行排列，相較於V型或其它排列方式，它擁有引擎構造更簡單、輕量，迴轉能力更協調，振動低等眾多優點。也因此，目前的四汽缸引擎，都以並列式爲主流，即使是不需要高馬力的巡航車，爲了提高騎乘的舒適性，也多採用並列四汽缸引擎。

然而，它有個相當明顯的缺點，就是因爲四個汽缸並行排列，所以使得引擎橫幅過大。雖說並列式是屬於單純且輕量的排列方式，但無論如何，大排氣量的四個汽缸，絕對稱不上小。又因爲汽缸數多，使得摩擦造成的動力損失增加，高轉速雖然帶來高馬力，但也使得它在低轉數時扭力較小，特別是如果引擎的排氣量不夠大，可能反而會增加駕馭摩托車的難度。

並列四汽缸引擎

BMW「K 1300 GT」引擎

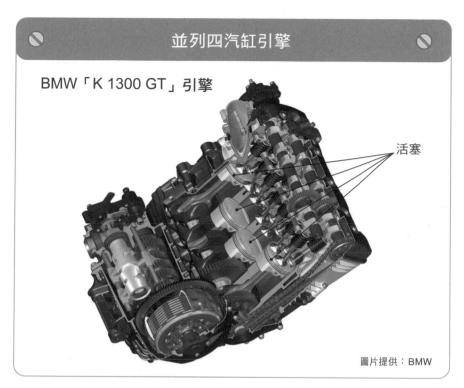

活塞

圖片提供：BMW

從HONDA「CB750FOUR」開始量產的並列四汽缸引擎，到現在仍是最適合跑車的引擎。

並列四汽缸引擎的扭力特性

增加汽缸數量，是為了提高引擎轉速並增加馬力，但這卻不等於在所有的迴轉數中，都可以達到這種效果。馬力與迴轉數是正比的關係，因此迴轉數愈高，馬力也會相對提升。但在高轉速下可以有效率取得馬力的引擎設計，和非以此目的設計的引擎相比，在中低轉速時的馬力則相形失色。所以，高轉速型的並列四汽缸引擎，若沒有到達高轉速，則無法發揮它的實力；在中低轉速時的最大馬力，則遠不如比它低階的雙汽缸引擎。

引擎的進化

— 從工具到娛樂

　　世界上第一台摩托車，是在19世紀後半（1885年）由德國人戈特利布·戴姆勒（Gottlieb Daimler）所發明。因為和卡爾·賓士（Karl Benz）共同發明世界第一台汽油汽車而廣為人知的戴姆勒，為這一台值得被永久紀念的摩托車，配置了排氣量264cc，馬力僅有0.5ps的單汽缸四行程汽油引擎。0.5ps的馬力，僅有目前50cc引擎的十分之一，可說是非常使不上力的引擎。

　　在那之後，發展初期的摩托車屬於實用車，大多數都被用來運送貨物，引擎不過就是一個動力來源，首要追求的就是耐用。但是，當摩托車因為其騎乘樂趣而開始漸漸受到關注，引擎不再只是動力源，而成為了能讓摩托車產生速度感的重要構造。

　　接著，摩托車開始關注於速度的追求，引擎動力也一躍而上。引擎一枝獨秀地獨自進化，「行走」得靠高性能，「過彎」和「停車」得靠騎士的技巧，這就是摩托車所具備的刺激感。當然還有摩托車的外型也不可同日而語。

　　到了現在，曾經身為全動力引擎代名詞的二行程引擎漸漸淡出車界，摩托車的排氣和噪音問題也引發了許多爭論，但不會改變的是，引擎永遠是摩托車的魅力來源。

第 2 章

引擎周邊機構的構造

車子無法單靠引擎發動。
此章節,將介紹供給引擎進氣的機構構造、
各種燃料供給方式以及燃燒後的排氣系統等。
此外,還有讓引擎運轉流暢的機油、冷卻系統以及點火開關等。

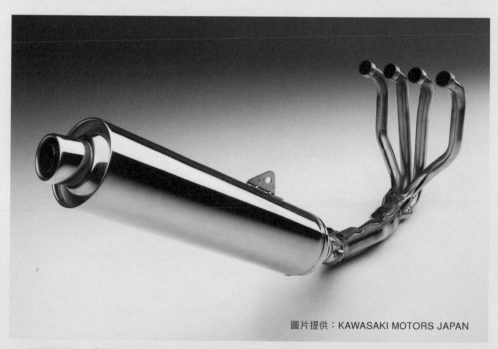

圖片提供:KAWASAKI MOTORS JAPAN

KAWASAK「ZRX1200 DAEG」所採用的排氣集合管。四支排氣歧管合流為一之後,再與消音器連接。

① 進氣系統的機械構造
─由引擎控制空氣量

　　要使引擎轉動，是少不了汽油作爲燃料；而要使汽油燃燒，則必須要有空氣（氧氣）。而負責供給燃料和空氣的，就是進氣系統。將汽油和空氣適度混合以「製造混合氣」和「調整送入引擎的混合氣分量」，就是進氣系統最主要的任務。

　　進氣系統就像是將空氣送入引擎的一個通路。在引擎的前方，設置有化油器等燃料供給裝置。從外部吸入的空氣，首先會經過空氣濾清器，接下來在燃料供給裝置中與汽油混合，再經由引擎的進氣口進入汽缸內部。也就是說，汽油隨著空氣一同往引擎流動，而造成這種空氣流向的，就是引擎本身。在進氣過程中，當活塞下降，汽缸內部壓力降低，可以促使空氣吸入。

　　燃料供給裝置所供給的汽油量，會依據空氣量來調節。因此，引擎的馬力也會因爲空氣量的不同而有所改變。而使空氣量產生變化的，則是在這個通路途中的一種汽門，稱之爲「節流閥」。

　　在節流閥全開的狀態，也就是馬力全開，大量的空氣和汽油輸送到引擎內，使引擎動力發揮到極致。而當節流閥僅開啓一半時，是馬力半開（Half throttle），英文也稱爲部分馬力（Partial throttle）。

進氣系統概要

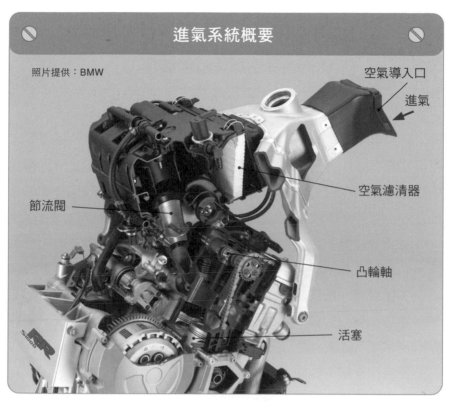

照片提供：BMW

空氣導入口

進氣

空氣濾清器

節流閥

凸輪軸

活塞

進氣系統不僅得注重是否能順暢地供給引擎所需的空氣，為了減低進氣阻力，也得下不少工夫。

混合氣的濃度

輸送到引擎的汽油如果太多，會產生燃燒不完全；但若太少，又會無法展現動力。因此，化油器和燃料噴射裝置所供給的汽油，會配合空氣量的多寡，供給可以完全燃燒的汽油量。空氣和燃料的比例稱作「空燃比」。理論上，空燃比在15:1時，汽油可以完全燃燒，這個稱為「理論空燃比」。然而實際上最佳的空燃比，會因為條件不同而有些許變化，因此，汽油的供給量也會依照行走狀態而略做調整。

進氣系統的進化
─ 從化油器到燃油噴射裝置

2

　　近幾年，小型速克達正歷經巨大轉變。小型速克達原本是以二行程引擎為主流，但現今漸漸已看不見二行程的身影了。而從競爭中脫穎而出的四行程引擎，也漸漸由燃料噴射裝置來取代傳統的化油器。小型速克達就在不知不覺中，幾乎都配備了燃料噴射裝置。

　　這樣的趨勢，主要也是因為摩托車業界對於排氣規定愈來愈嚴格。而總被稱作「世界第一嚴格標準」的日本，為了因應其排氣法規，不僅針對二行程引擎，即使對於一般認定排氣清潔的四行程引擎，也祭出新的對策。其中最引人注目的，就是導入已經在汽車業界中，完美克服所有嚴格排氣法規的王牌──噴射系統。

　　要將排氣變得乾淨，最重要的就是要使汽油完全燃燒。因此，對於節流閥的操作、摩托車的行走狀況、引擎內部的燃燒狀態、周圍的溫度或氣壓等，都須一一配合，以提供最適量的汽油。

　　而化油器無法精準地達到這些要求，因此其排氣的清潔度亦受到限制。相對地，噴射系統卻能夠比化油器更加精密、靈活地隨機應變。從此，為了要克服嚴格的排氣規定，噴射系統成了最佳選擇。

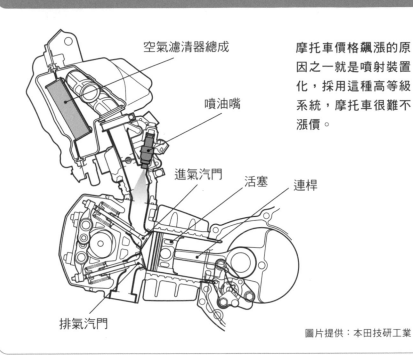

進氣系統的切面圖

空氣濾清器總成

噴油嘴

進氣汽門　　活塞　　連桿

排氣汽門

摩托車價格飆漲的原因之一就是噴射裝置化，採用這種高等級系統，摩托車很難不漲價。

圖片提供：本田技研工業

摩托車的排氣法規（日本）

汽油燃燒後的排氣氣體中，氮氣、二氧化碳和水蒸汽就占了大部分。但是因為排氣中也含有有害物質，為了要抑制這些有害物質的排出量，因而訂出了排氣規定。在汽車界已經實施了40年以上的排氣規定，摩托車則是在約1998年才開始導入。日本在2006年再度強化了規定內容；目前，在日本國內生產的國產車或進口車等，只要是在市面上流通的摩托車，都必須受這份法規的約束。

化油器的基本構造
── 利用空氣的流動將汽油吸出

3

　　與當今主流的燃油噴射裝置相比，化油器也許是個低階的科技產物。然而，它的原理雖簡單，卻有過人的構造。在噴射裝置登場之前，化油器是唯一的燃料供給裝置。在這麼長的時間當中，化油器鮮少改良，從小型速克達到重型機車，都搭載了各式各樣的化油器。

　　化油器的原理，和「以口吹出霧氣」類似。這樣的吹霧原理，就像是把吸管的一頭放進水杯裡，再靠近吸管的另一端吹氣。吹氣的管子前端較窄，可以使吹氣力道較強；再經由「空氣流動愈快會讓內部壓力更低」的原理，使管子的另一頭會將水分引導上來，接著因為負壓而轉成霧氣飛散。用更簡單的方式來說，就是吹氣將裝滿水杯的水向上吹彈。

　　化油器的實際運作也與此類似。在空氣流動的通路中，有一小段較細，稱為「文氏管」。文氏管和裝有汽油的浮筒室之間以管相連。從上流至下的空氣，到了文氏管時，因為流速變快導致壓力下降。接著在文氏管前端被引出，並轉為霧狀的汽油，與空氣混合後，繼續往引擎的方向前進。在日文中稱化油器為「氣化器」，但其實汽油並非是被氣化，而是被霧化。當然，最後會氣化也是因為汽油霧化所促成的。

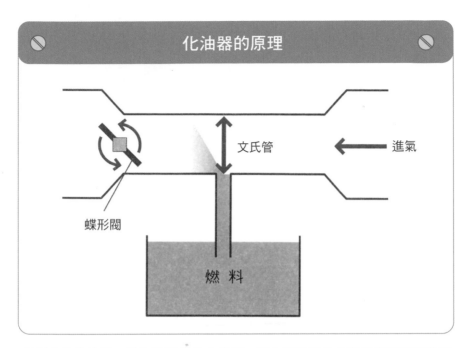

化油器的原理

文氏管

進氣

蝶形閥

燃　料

利用空氣的流動，將汽油引出的化油器。配合節流閥的作動的蝶形閥開始迴轉，可以改變混合氣的量。

Motorcycle

阻風門與啓動裝置

冷卻的引擎剛要啟動時，引擎的迴轉較低，汽油也比較不容易氣化，因此，若以一般的混合氣是很難順利啟動的。為了要加強啟動力，就必須藉由阻風門及啟動裝置這兩項裝備來調整混合氣。阻風門的原文是「choke」，意思是窒息。利用文氏管前方的阻風門關閉進氣的通路，以製造濃度較高的混合氣。而啟動裝置則是設置一個啟動專用的汽油及進氣通路，使混合氣濃度提高。從前是用於二行程引擎，而現在則被廣泛地運用。

可變文氏管式化油器
── 摩托車的化油器就是採取此種方式

4

　　摩托車的引擎理所當然是屬於高迴轉型。與汽車引擎不同，摩托車引擎轉速達到10,000轉也不過是稀鬆平常的事。但是，迴轉區域愈廣，同時也意味著吸入的空氣量變化愈大。對專職於準確地供應濃度適中混合氣的化油器而言，空氣量的巨大變化，可算不上是什麼值得高興的事。

　　化油器製造混合氣是利用空氣到了文氏管時，流速加快促使壓力下降的原理，因此，文氏管的大小，會左右混合氣的良莠。文氏管過大，會使空氣流速不夠快；相反地，文氏管太小，則會增加空氣阻力。由此可知，文氏管大小的設定，必須考量這兩者間的平衡。

　　然而對引擎而言，這樣的方式無法應付空氣量的巨大變化。因此可以想得到的，就是能依照實際需要而改變大小的可變文氏管式化油器。而這種方式，也被所有摩托車所採用。

　　文氏管有一個滑動式的活塞閥，這個活塞閥的上下移動，可以調整文氏管的大小，使引擎可以應對迴轉幅度過大的狀況。活塞閥的下側有一個針狀零件（油針），其前端插有可吸取汽油的管子（油針閥）。油針和油針閥之間有間際，當活塞上升，文氏管擴張，同時油針和油針閥之間的間際變大，汽油的流量就可以增加。

可變文氏管式化油器

照片提供：Keihin

上圖即為可變文氏管式化油器，其節流閥正是屬於充滿魅力的VM型（請參照次頁）。這種產品稱為FCR（Flat Carburetor for Racing），比起傳統的CR性能又大大提升。

水平的化油器與垂直的化油器

摩托車的化油器通常都是水平地裝置在引擎後側，面對引擎，讓空氣從後往前流動。相對於此，部分較重視動力的引擎，傾向於讓空氣由上往下流動。這種讓進氣的流向盡可能直截了當的設計，稱為「下吸式」，化油器多呈現垂直配置。此外，V型引擎因為沒有讓化油器水平放置的空間，所以也大多採用下吸式。

VM型與CV型的差異
── 可變文氏管式的兩個種類

⑤

摩托車的可變文氏管式化油器，分為VM型（Variable Manifold；直拉型）和CV型（Constant Vacuum；負壓型）兩大類。這兩種皆為控制文氏管大小的方法，然而運作方式卻不盡相同。

VM型是以活塞閥兼作節流閥，利用節流閥導線直接和與油針相連的活塞閥上下連動，以同時調整空氣的量和文氏管的大小。因此，VM型最主要的特徵就是會直接反應節流閥的動作；然而，節流閥的開關動作過於劇烈，會使汽油供應不及，造成引擎短暫熄火。正因為它非常敏感，因此必須更費心思。這種型式若用在四行程引擎上，則非常適合於賽車或跑車；而構造上無法採用CV型的二行程引擎，也可以採取此類型。

CV型則是文氏管的活塞閥與節流閥各自獨立。節流閥透過活塞閥下方的蝶型閥來操作節流門的開關。文氏管的活塞閥，會因為空氣吸入引擎時產生負壓而上升；當節流閥開啟，會先使蝶型閥打開，隨著負壓增強使活塞閥自動上升。如此，引擎的反應會比節流閥的動作稍慢一些，和緩及穩定為其特性。CV型無法使用在負壓較小的二行程引擎，而廣泛地使用在四行程引擎。

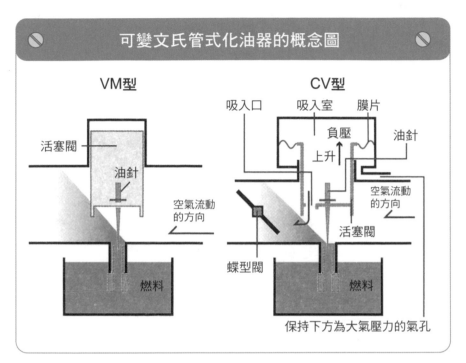

可變文氏管式化油器的概念圖

VM型

活塞閥

油針

空氣流動
的方向

燃料

CV型

吸入口　吸入室　　膜片

負壓

上升　　　油針

空氣流動
的方向

活塞閥

蝶型閥

燃料

保持下方為大氣壓力的氣孔

上圖分別是文氏管活塞閥直接反映騎士油門操作的VM型，和活塞閥透過負壓間接作動的CV型。蝶型閥開啓使引擎迴轉數上升，吸入口就會開始將空氣吸出，接著，吸入室就會漸漸成為負壓，活塞閥就跟著上升。

摩托車是一個汽缸搭配一個化油器

「雙化油器」對汽車而言，曾經是高性能引擎的代名詞。正如同文字上的意思，它表示的是備有兩個化油器方式。而因為摩托車通常都是一個汽缸搭配一個化油器，假設是四汽缸引擎，就該備有四個化油器。因此如果光從化油器的數量來看，摩托車的性能可能更高於汽車。姑且不論單汽缸引擎，還有許多備有兩個化油器的摩托車，有的也都採取VM型和CV型的組合。

噴射系統的構造
── 可以精準提供汽油的噴射系統

(6)

噴射系統和化油器一樣,用節流閥來調整吸入的空氣量,進而控制引擎轉速及馬力。它們最大的差別就在於供給汽油的方式。化油器是藉由空氣的流動將汽油「吸出」;而噴射系統則是利用噴油嘴(噴射裝置)將汽油「噴射」。

噴射系統預先透過電動幫浦將汽油的壓力提高,再把汽油送至噴油嘴。噴油嘴朝向進氣通路的內側,噴射出霧狀的汽油以製成混合氣。汽油的噴射量會配合引擎狀況計算,供給摩托車所需的汽油量。電子控制式的噴射系統,會透過感應器,擷取所有關於進氣量(節流閥的開啟程度)、引擎轉速、外部氣溫、冷卻水等各種資訊,再由ECU(引擎控制器)送出適切的汽油供給量。

如此一來,噴射系統可以精準地提供引擎所需要的汽油量,使得引擎的性能提高,操作也變得更容易。就算因為不熟悉而對啟動引擎束手無策,也將受惠於可自動調整混合氣濃度的噴射系統,只要按下啟動按鍵,即可輕鬆搞定。此外,在減速時,汽油的噴射會自動停止,可以使燃油消耗率大幅改善。近來,除了主節流閥外,還增設了副節流閥,不只是汽油,連空氣的量也都可以受到精密地控制。目前,噴射系統仍然持續地進化中。

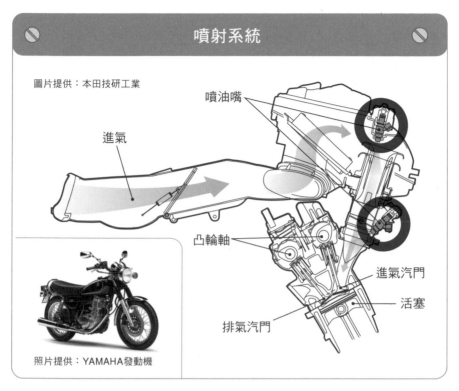

噴射系統

圖片提供：本田技研工業

噴油嘴

進氣

凸輪軸

進氣汽門

活塞

排氣汽門

照片提供：YAMAHA發動機

2009年東京摩托車展中發表了人氣歷久不衰的「SR400」噴射系統。因爲噴射系統的發明，使得引擎運轉既順暢又容易操作；但也有引擎力道變小的負面評價。

Motorcycle

電子控制式的節流閥

通常油門的作動，是藉由右手的動作，帶動油門纜線以開閉節流閥。相對於此，電子控制式的節流閥，是由感應器感應騎士操作的同時，ECU配合實際行走狀態來計算節流閥應該的開啟程度；最後根據其結果，使摩托車得以移動。這樣的方式，使摩托車本身也能參與節流閥的操作，也可以更精密地控制引擎。此外，另一種類似電子控制式節流閥的，是將操作轉換為電器信號的方式，稱作「線控式」。

噴油嘴的構造
— 將汽油以霧狀噴射的噴油嘴

當化油器的霧化現象，發生在噴射系統的噴油嘴，可將之比擬為噴霧器。差別只在於汽油供給的方式。就如同按下噴霧把手，就可以將液體以霧狀噴射的噴霧器，噴油嘴本身就可以噴射，因此噴射汽油時不會受進氣量干擾。

噴油嘴就像是接在水管前端的灑水器，利用幫浦使壓力升高，再將汽油送出，接著，開啟前方的噴嘴使內部的汽油噴出。而不同之處在於，水管的噴嘴僅能切換開或關，而無法僅開啟一半。

噴油嘴的本體呈管狀，內部空間則在前端的部分漸漸縮小呈現圓錐形，並於尖端的部分開孔。而在開孔處插著棒狀的針閥，看起來就像是圓椎前端往回縮一點。平時狀況下的針閥，會因為彈簧而下壓到尖端部分；而當受到電磁石的力量，才會往後縮。

當必須進行噴射時，ECU會傳送信號給噴油嘴，並與電磁石通電。接著，針閥會開始移動，並從尖端噴射出高壓汽油。然後，當電流中斷電磁石的磁力消失，針閥也會回到原本的位置，結束噴射。混合氣的濃度會因為汽油量的多寡而調整，而噴油嘴的噴射量，則受到針閥開啟時間，也就是通電時間的控制。

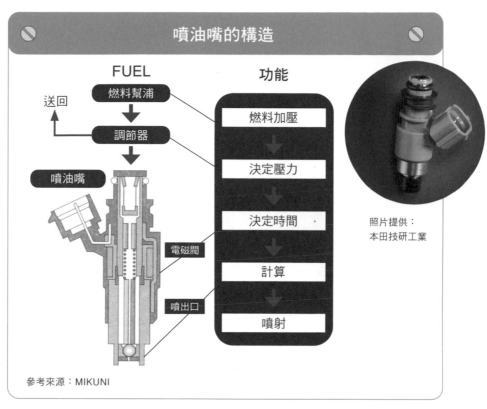

噴油嘴的構造

FUEL

送回

燃料幫浦

調節器

噴油嘴

電磁閥

噴出口

功能

燃料加壓

決定壓力

決定時間

計算

噴射

照片提供：
本田技研工業

參考來源：MIKUNI

「噴射」和噴霧的原理相同，噴油嘴是以微米這樣精細的單位計算，當然也是相等程度的精密控制。

噴射系統的缺點

噴射系統是由噴油嘴配合油門開啟狀況以進行噴射的系統，因此普遍認為，其機械構造與化油器相比較為單純。然而，使用噴射系統，必須要配備讓汽油壓力升高的幫浦，無法像使用化油器的摩托車一樣利用從汽油槽自然落下的方式；此外，為了確認引擎狀態所需的各種感應器，和作為系統中樞的ECU等電子備品也勢必成為必需品。如此看來，噴射系統絕對稱不上是單純的構造，至少它很難避免價格高漲。

空氣濾清器的構造
— 如同口罩般的空氣濾清器

8

　　人類就跟摩托車一樣，必須靠呼吸空氣才能活動。但是，空氣中混雜著許多髒汙與灰塵，人類不可能直接吸進這些物質。因此，這些空氣中的微小異物，會在經過我們的鼻子及咽喉時被過濾掉。而當這些微塵過於嚴重而鼻子及咽喉無法過濾時，我們大可暫時閉住氣息或是掩住鼻子。

　　然而摩托車的引擎，不管是在空氣清新的高原，或是在充滿泥濘的道路，都得持續地呼吸，無法自作主張地停止吸入空氣。直接吸入滿是髒汙及灰塵的空氣，會使引擎或化油器受傷而造成故障。為因應此種狀況，摩托車設計了空氣濾清器以確保可以吸入乾淨的空氣。

　　進氣系統所吸入的空氣，是靠著空氣濾清器內的空氣濾淨網過濾異物。空氣濾淨網的形式有以不織布或紙的材質所製成的乾式、以海綿沾汽油的溼式，以及最近較盛行的以乾式空氣濾淨網沾上汽油的黏式空氣濾淨網等。溼式或黏式空氣濾淨網之所以沾上汽油，是為了要提高吸附力，這原理就如同人類鼻腔或咽喉的黏膜一般，利用油將微小的異物徹底吸附。

　　而乾式和黏式的空氣濾淨網外觀就如同細長的蛇腹狀，將一大張空氣濾淨網反覆摺疊，就能增加可吸附異物的表面積，並同時達到減少進氣阻力的效果。

空氣濾清器

進氣口

空氣濾清器

圖片提供：BMW

空氣濾淨網的主要訴求，就是盡可能減少進氣阻力和確實吸附空氣中的異物，
這是兩個目的完全相反的功能。

Motorcycle

可重複使用的溼式空氣濾淨網

將一般的街道與越野道做比較，越野道的空氣相對較汙濁。在乾燥的越
野道上行走，無法避免會揚起沙塵，即使配有空氣濾清器，還是免不了
令人擔憂。因此，越野車通常都會採用去除異物效果較好的溼式空氣濾
淨網。溼式空氣濾淨網可以反覆用汽油清洗，再重新以汽油浸溼，為其
一大優點。不過，重複使用雖有利於成本，但隨之而來的則是麻煩的保
養手續。

渦輪引擎的構造

⑨ ── 摩托車沒有渦輪引擎

　　即使到最近，渦輪引擎仍風行於汽車界。而在摩托車的世界，則出現於80年代初期，由日本製造商共同催生，用作外銷的渦輪概念車。令人惋惜的是它僅有驚鴻一瞥。

　　渦輪引擎是借助渦輪的機械增壓來吸入大量的空氣，以提高動力。渦輪增壓的外觀，是在一支軸的兩端設置葉片。一邊的葉片（渦輪），使用引擎排氣吹動渦輪，以帶動壓縮機，另一邊的葉片（壓縮機），則是用來壓縮進氣氣體。

　　當空氣的壓力升高，空氣密度也會隨之提高，引擎就可以吸入更多的氧氣。這樣的效果就和擴大排氣量一樣，能增加可燃燒的氣體，達到提升動力的目的。

　　然而渦輪引擎仍有其缺點。舉凡貧乏的低速扭力、油門反應遲鈍、進排氣的構造複雜、引擎的溫度較高等，都是它比較吃虧的部分。摩托車最後不再採用渦輪引擎，基本上也是因為這些問題，與其一味地提高排氣量，摩托車必須更重視均衡地提高整體性能。

　　但是如果能夠在不加大引擎的狀態下增加排氣量，可以減少摩擦等的阻力；同時因為能夠利用排氣氣體的能量，還可以降低浪費。因此，最近重新以提高效率的觀點來衡量渦輪引擎，新世代的渦輪引擎也開始醞釀。

搭載渦輪引擎的摩托車

HONDA「CX500 Turbo」

照片提供：本田技研工業

照片中的HONDA「CX500 Turbo」渦輪引擎摩托車，雖然一度無疾而終，但最近開始有了復活的可能性。

強制進氣導管系統

雖然並沒有令人期待的戲劇化效果，但強制進氣導管系統與渦輪增壓一樣，能將空氣加壓，讓更多的空氣可以吸入引擎，其加壓方式是利用摩托車行走時，前方所承受的風壓，以導入比平常更多的空氣。為此，會在前整流罩等位置設置進氣口。通常強制進氣導管系統會使用在大型巡航車，而實際上，它的效果要在時速200公里以上才會展現，馬力可以提高3～5%。

排氣系統的構造
— 排氣管就是消音器？

⑩

　　排氣系統是由降低音量的消音器和引導排氣氣體的排氣管所組成。然而，普遍認為「排氣系統＝降低排氣音量的裝置」，因此，通常就被直接稱作「消音器」。

　　汽缸內的已燃燒混合氣，只不過是燃燒剩餘的氣體，必須迅速地排出。但是，排氣所被分配到時間，僅有一眨眼的工夫。因此，排氣系統不僅僅只是讓排放氣體從汽缸順暢地排出，更必須要積極地將氣體引導出去。雖然降低噪音對排氣系統而言非常重要，但「迅速地排出廢氣」也是任務之一。

　　然而，令人困擾的問題是，對於二行程引擎來說，光是能夠順暢地排除廢氣，並不代表引擎的性能沒有問題。因為，二行程引擎會發生新的混合氣隨著廢氣一同排出的竄跑現象。

　　能夠解決這項問題的，是在排氣管前段膨脹增大的膨脹室。膨脹增大的膨脹室，到了消音器前又會縮小變細，因為暫時地膨脹而壓力減低的廢氣，在這裡會再度增壓。然後，接踵而至的廢氣會被壓回，而與廢氣一起竄跑的混合氣則會被安全地留在汽缸內。由此可見，若少了膨脹室，動力確實會降低不少。

四行程引擎的排氣系統

排氣歧管

排氣口

消音器　排氣管

照片提供：YAMAHA發動機

從引擎排出的廢氣，通過排氣歧管、排氣管，最後由消音器降低音量後排於大氣之中。

Motorcycle

爲什麼排氣管都從摩托車前端伸出？

摩托車的排氣管，大多是裝置在引擎前側，理所當然排氣汽門也一樣位在前側。而排氣汽門之所以設置在前側，是爲了將受排放氣體影響造成高溫的排氣汽門周圍，能夠透過行走時的風力冷卻。這種裝置方式的主要目的是將排氣汽門冷卻，因此也有不透過行走風力，而是使用水冷引擎的例子。在這種情況下，排氣管就不需要特地設置在前側了。除此之外，V型引擎向前傾斜的設計，也是爲了要讓外側的汽缸可以受風冷卻所下的工夫。

集合管
── 消音器的數量是固定的嗎？

　　當四汽缸引擎還不普遍的時候，「四汽缸引擎必須搭配四支消音器」幾乎是理所當然的事。四支消音器，正是搭載四汽缸引擎的證據，普遍認爲，消音器的數量愈多，意味著性能愈好。

　　然而，集合管的出現，顛覆了原本的常識。將複數的排氣管匯集成一支束管，才是真正高性能的表現。集合管的發想源自於電路，最早是作爲賽車用零件而開發。將消音器束在一起提升排氣效力，可以提高動力；又因爲集合管能夠減少消音器數量，更加滿足了輕量需求，是能夠同時提高賽車動力和輕量化的劃時代產品。這樣的效果當然也適用於一般市售摩托車，再加上其充滿魅力的排氣音浪，使它成爲眾所矚目的焦點。

　　單汽缸引擎的排氣氣體流動並不固定，其壓力是如同脈搏跳動般變化，這是因爲引擎間歇性地排氣所造成的現象；而集合管可以巧妙地利用這個壓力變化，積極地導出廢氣，進而提高排氣效率。

　　不過，排氣時間點會因汽缸不同而有所差異，若沒有精準地匯集，反而會造成排氣氣體相互撞擊而導致排氣阻塞的副作用。此外，依匯集方式不同，會改變引擎偏高轉速或低轉速的特性，因此必須仰賴高度的技術。

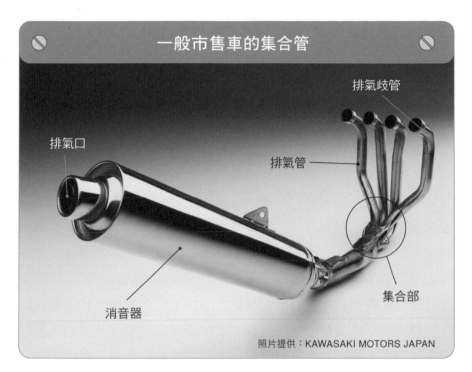

一般市售車的集合管

排氣歧管

排氣口

排氣管

消音器

集合部

照片提供：KAWASAKI MOTORS JAPAN

在集合管的概念還尚未產生時，每個汽缸會各自搭配一支消音器，消音器的數
量等於汽缸數，代表性能的展現。

4-2-1式是什麼？

集合管是以將排氣管最終匯集成一支或兩支的形式呈現。雙汽缸的集合
管設計較單純，而四汽缸則有幾種設計。其中較常被採用的，是四支排
氣管集合成一支的「4-1」（四合一），及四支先匯集成兩支，最後再
匯集成一支的「4-2-1」；也有匯集成一支之後，再分岔成兩支，消音
器也左右分流的設計方式。此外，為了提高排氣效率，會在排氣管上設
置旁通管（Bypass pipe）或是控制排氣流動的閥門。

消音器
— 消音器是如何使聲音變小？

當燃燒完成，從汽缸猛烈噴出的排氣氣體，因為溫度和壓力皆高，而帶有強大的能量。如果這樣的氣體直接排出，會使氣體在大氣中一鼓作氣膨脹，強力地碰撞周圍的空氣而產生巨大聲響。消音器的主要任務，就是抑制這個噪音，利用各種方式降低排氣氣體的能量，使氣體排出時不至於發出過大的聲響。

消音器抑制音量的構造，有分膨脹式及吸音式等方式。膨脹式是將排氣氣體由狹小的通路引導至大膨脹室，使壓力下降，進而降低音量。摩托車通常都是採取數個膨脹室，以反覆降低排氣氣體壓力的多段膨脹式。在消音器內部，分隔為數個膨脹室，而作為排氣氣體通路的管線，則如迷宮般相連。

吸音式則是採用直接將排氣氣體排出的方式。在消音器內部，有一支開孔的細管，包覆著如玻璃纖維棉般的吸音材，藉由吸音材與排氣氣體能量的相互摩擦以降低音量。

和必須置入通路的多段膨脹式相比，吸音式的排氣效率較好，因此吸音式消音器常用於重視性能的賽車等。不過，吸音材會隨著使用時間愈長而劣化，造成消音效果下降，因此定期地更換、保養是不可省略的。

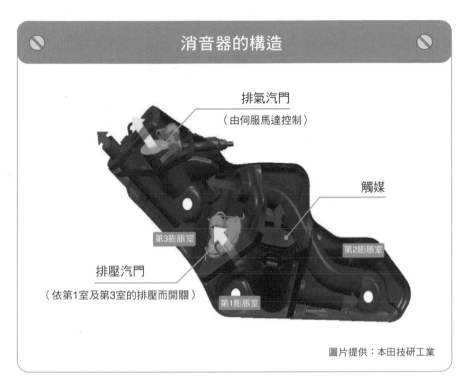

消音器的構造

排氣汽門
（由伺服馬達控制）

觸媒

第3膨脹室

第2膨脹室

排壓汽門

（依第1室及第3室的排壓而開關）

第1膨脹室

圖片提供：本田技研工業

HONDA「CBR1000RR」的多段膨脹式吸音器，利用三段的膨脹室減低噪音程度。

Motorcycle

摩托車的噪音法規（日本）

近幾年，日本製造商的新車發表大幅地減少。雖然理由之一是嚴格的排氣法規，但噪音規定的強化也是很大的阻礙。日本的摩托車噪音法規是在1971年制定，其後經過了多次的修法強化，到今日，加速的行走噪音，與1971年所制定的法規相比，必須降低90%以上，已經達到全世界最嚴格的標準。接著在2010年春天，又將進一步提高更換用消音器的規定，不難預測，法規又將更為嚴格。

潤滑系統
─ 引擎油要用在哪裡？

13

　　引擎內有活塞、汽缸等各式各樣的零件，它們必須一邊磨合一邊活動。引擎油的功能，就是減少它們接觸面的摩擦，使它們可以順利活動。若沒有引擎油，接觸面將會嚴重地磨耗損壞，因此引擎油可說是引擎不可或缺的幫手之一。

　　以四行程引擎來說，活塞、汽缸、汽缸蓋和曲軸周圍，都需要以引擎油潤滑。與汽車不同，摩托車甚至必須潤滑變速器，因此可知摩托車用引擎油的條件更為嚴苛。

　　引擎油儲存於曲軸箱下側的油底殼內，由機油幫浦送至引擎各部。完成工作的油會自然流回油底殼，這種方式稱為「溼式油底殼」。

　　相對於溼式油底殼的是「乾式油底殼」，它將流回油底殼的機油用另一個機油箱回收，再重新送至引擎各部。因為增加一個零件，因此價格與重量都較高，但是它的供油較安定，油也不會干擾曲軸迴轉，因而適用於高性能引擎或越野車型。此外，油底殼做得較淺，可以降低引擎高度；機油另外儲存於機油箱也可以使之冷卻，這些都是乾式油底殼的優點。

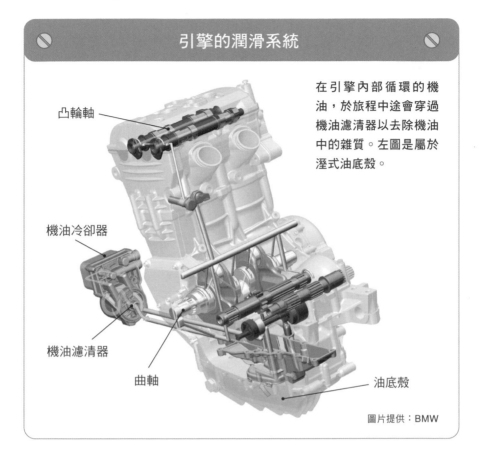

引擎的潤滑系統

凸輪軸

機油冷卻器

機油濾清器

曲軸

油底殼

在引擎內部循環的機油，於旅程中途會穿過機油濾清器以去除機油中的雜質。左圖是屬於溼式油底殼。

圖片提供：BMW

Motorcycle

二行程引擎的潤滑系統

四行程引擎的機油，就如同公園的噴水池般循環使用。相對於此，二行程引擎的引擎機油則是混合氣的一部分，隨著汽油一起被送至引擎內。也就是將與汽油一同被燃燒，因此會從消音氣吐出白煙。雖然這種方式看似無法潤滑到曲軸，但其實混合氣會通過曲軸箱，所以不會有問題。與四行程引擎還有一個差異，就是變速器必須獨立使用專用的齒輪油潤滑。

引擎油
─ 引擎愈小引擎油可以使用愈久？

14

引擎油常常被拿來和血液相比擬，這是因為引擎油在引擎內部毫無遺漏地反覆循環，就如同血液般執行著各式各樣的工作。大部分的人都知道引擎油是用來讓引擎各部位的活動順暢並防止磨耗的潤滑作用，但事實上，除了潤滑作用外，它還有洗淨、冷卻、防鏽及氣密等作用。

引擎在運轉的同時，內部會產生積碳或汙泥等各種髒汙，能夠沖洗這些髒汙的是洗淨作用。沖洗後的髒汙會被機油濾清器過濾掉，並切割為小分子分散於機油中。分裂為小分子的原因，主要是因為塊狀髒汙容易使引擎產生問題。而機油裡黑色髒汙則是髒汙分裂為小分子的證據。

透過幫浦送至引擎內部的機油，在循環的同時會順勢帶走引擎各個部位活動所產生的熱氣。這樣的冷卻作用，在溫度較高的部位如活塞，會利用噴射機油冷卻等方式，更積極地發揮其效用。防鏽作用是防止引擎內部的金屬零件生鏽；氣密作用則是填充活塞與汽缸之間的空隙，以確保汽缸壓力。

這些作用會隨著機油的劣化而漸漸降低功能，因此，每隔適當的時間就必須更換引擎油。摩托車的引擎轉速較高，因此與汽車相比，引擎油劣化的速度又會更快，更換引擎油的間隔時間就更短了。此外，氣冷引擎的熱負荷遠大於水冷引擎，因此機油的劣化速度也會較快。

照片提供：本田技研工業

低溫時的黏度，數字愈
小耐寒能力愈強。

高溫時的黏度，數字
愈大耐熱能力愈強。

礦物油的意思。性能
比化學合成油差，但
較經濟。

引擎油的規格有很
多，僅能概略了解
機油性能，而無法
得知完整的性能。

引擎油

就像是「柴魚湯」和「醬油」加在一起做成的蕎麥麵醬汁，引擎油也是
由作為基底的油加上添加劑後製成。作為基底的油，有化學合成的合成
油、用原油精製的礦物油、礦物油調配部分合成油製成的合成油等。添
加劑可以補強基底油的性能，有清淨分散劑、消泡劑、防鏽劑、抗氧化
劑、磨耗防止劑、黏度增加劑等，皆可調配。雖說是添加劑，其實量占
了整體的20%，對引擎油的性能有舉足輕重的影響。

冷卻系統（氣冷引擎）

⑮ ── 利用風冷卻引擎的氣冷式

　　雖然引擎是利用燃燒的熱能轉動，但很遺憾的是，大多數熱能都沒有充分利用就被拋棄了。以汽油引擎來說，熱能轉化為機械性能量的轉換率僅有約30%。與大部分的電力都可以轉換為熱能的電燈泡相比，它不僅微不足道，根本可以說是太過浪費。

　　沒有被利用的熱能，有的與排放氣體一起被排到大氣中，有的則被吸收回引擎。若不採取任何對策，引擎將會持續地累積熱氣，使溫度升高，最後導致引擎損壞。因此，引擎必須利用一些方式來進行冷卻。

　　引擎的冷卻方式有氣冷式、油冷式和水冷式。氣冷式是直接利用周邊的空氣將熱氣逼出，這對引擎裸露在外部的摩托車來說非常合適，因此最早就是使用此種方式。在汽缸周圍等處，設置冷卻用的散熱板，增加與空氣接觸的面積。若是像速克達這種引擎是被外殼包覆的摩托車，則會加裝冷卻風扇來達到冷卻效果。

　　氣冷式冷卻系統並沒有採取特殊的構造，因此較簡單且輕量。然而它的冷卻能力，卻必須受風力大小所影響，因此不算是穩定的冷卻方法。當小型摩托車爬坡的時候，即使引擎全開，速度也不快，但卻會因為風力不夠，使得引擎很快過熱。此外，還有以前曾經流行過的二行程三汽缸引擎，設置在中央而無法迎風的汽缸容易過於灼熱，這些都是氣冷式冷卻系統的缺點。

氣冷引擎的冷卻系統

KAWASAKI「W650」

照片提供：KAWASAKI MOTORS JAPAN

散熱板

冷卻散熱板是氣冷引擎的特徵。對改良散熱板有興趣的可是大有人在！

Motorcycle

可以有效冷卻汽缸蓋的油冷引擎

擁有燃燒室的汽缸蓋，在經過每次混合氣燃燒的過程，溫度會變得非常高，因此汽缸與活塞一樣，都是非常容易處於高溫的部位。又因為汽缸周圍有外殼包覆，若用氣冷式引擎效果並不大，因此通常會採用引擎油冷卻的油冷式引擎。用做冷卻的引擎油，回路與一般的機油回路不同，單獨使用一個回路，將大量的引擎油吹向汽缸蓋，以達到冷卻效果。而因為對汽缸整體而言，仍是屬於氣冷式，因此油冷式也稱作氣冷式的進化版。

冷卻系統（水冷引擎）
── 爲什麼要特地用水來冷卻呢？

16

　　水冷引擎因爲機械構造較複雜且重量較重，再加上需要定期保養，因此通常都會直接聯想到其高價位。曾經被認爲不適合摩托車的水冷引擎，現在卻有許多摩托車都採用。最主要的原因，就是現在的摩托車也追求高動力，隨之產生的高熱量，氣冷式引擎已無能力應付，而水冷式引擎的溫度較安定，散熱效率也較高，因而開始獲得青睞。

　　水冷引擎在汽缸等周圍設置一個稱作水套的水渠，再利用幫浦將冷卻水循環以降溫；接著，溫度變高的冷卻水會被送至水箱，熱氣則排出大氣中。冷卻水的通路有兩條，一條在引擎周圍，另一條則在水箱周圍。當水溫還不高的時候，冷卻水只會在引擎周圍的通路循環；當水溫到達約攝氏70～80度時，節溫器（閥門）開啓，冷卻水被送至水箱，溫度即下降。又因爲考慮到遇到塞車的狀況，水箱無法迎風散熱，因此在水箱旁會設置冷卻風扇。

　　因爲冷卻水使用的是水，到了多天會有結冰的可能，因此通常在冷卻水裡會添加預防結冰或有防鏽效果的長效型水箱冷卻防鏽液，以避免結冰。若冷卻水結冰，會因爲結冰後體積膨脹而破壞引擎。但如果因爲擔心結冰而添加過多的冷卻液，也會造成問題。因爲冷卻液的比熱比水低，因此降溫能力也比水差，若添加過多，會造成過熱的危險。順帶一提，添加過多，還有可能使凍結溫度上升，反而造成反效果。

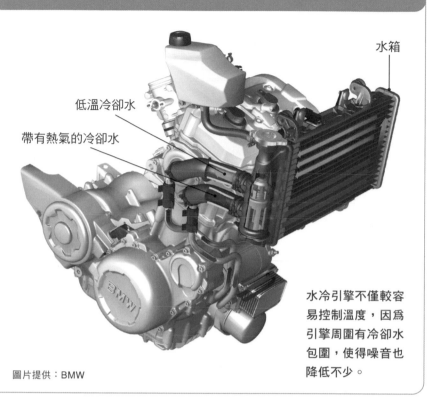

水冷引擎的冷卻系統

水箱

低溫冷卻水

帶有熱氣的冷卻水

水冷引擎不僅較容易控制溫度，因為引擎周圍有冷卻水包圍，使得噪音也降低不少。

圖片提供：BMW

水箱蓋

外觀看起來只像一個單純蓋子的水箱蓋，其實擔任著令人意想不到的重要工作。冷卻水的回路是屬於密閉式的，當溫度上升，內部的壓力也會漸漸提高，使冷卻水的沸點上升。而因為冷卻水的溫度愈高放熱性愈好，因此當冷卻水超過平時的沸點，可能會高達攝氏110～120度左右。此時，如果回路是密閉式的，內部的壓力就會過高。所以，當到達一定的壓力，水箱蓋內的汽門會開啟，以釋放過多的壓力。

點火系統
— 製造火花點火的系統

點火系統的功能，是利用火星塞製造火花，將混合氣點火。要讓混合氣能夠確實燃燒，最重要的就是要讓火花在正確的時間點噴出，而點火系統的工作，就是重複「根據引擎迴轉，檢測出點火時機」「配合點火時機切斷電流」「藉由點火線圈產生高壓電流，再傳至火星塞」這三個動作。

火花的來源是點火線圈所帶來的高壓電流。點火線圈有一次線圈及二次線圈，當一次線圈的電流遮斷後，利用感應原理讓二次線圈產生1～2萬伏特的電壓。

較廣為人知的點火方式有「電晶體式點火」和「CDI式點火」，兩者的差別，在於一次線圈的電流控制。電晶體式點火的原理，類似於傳統的白金式點火方式，是預先將電流流至一次線圈，再瞬間遮斷電流，讓二次線圈得以產生高壓電流。而CDI式則是先將電力儲存於電容器，再配合點火時機，一口氣將數百伏特的電流流至一次線圈以產生高壓電流。簡單來說，電晶體式點火是「遮斷電流」；CDI式點火則是「一口氣通過」。

此外，電晶體式點火以電池作為電源；而CDI式點火不採取電池，可以從飛輪內的充電用線圈取得電力。這是屬於小型速克達所使用的電磁飛輪CDI，即使電池沒電，只要透過腳踩發動器，仍可以發動引擎。

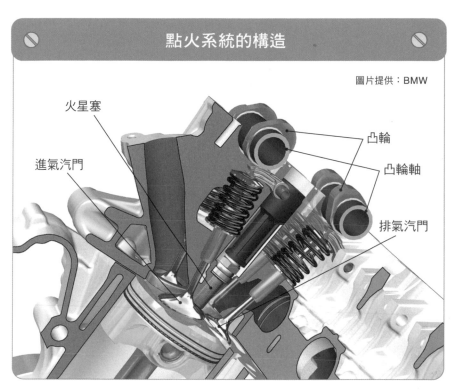

圖片提供：BMW

火星塞　　凸輪

進氣汽門　　凸輪軸

排氣汽門

汽油引擎利用火星塞產生火花，再與混合氣混合以點火。因此，也稱作「火花點火引擎」。

白金式點火系統

不論是目前或是傳統的白金式點火，都是利用將點火線圈的一次線圈所流通的電流，以白金接點（白金座）遮斷，從而使二次線圈產生高壓電流。白金接點就如同使電流斷續的開關，平常都是處於關閉狀態，再配合點火時機，白金接點就會開啟。因為在白金接點會通過數安培的電流，再加上反覆地在高速狀態下開關，因此非常容易磨耗。除此之外，受凸輪撞擊的部分也容易磨損，因此，白金式點火裝置必須定時調整白金接點及保養維護。

火星塞的構造
── 高性能火星塞的優點是？

18

　　火星塞是裝置在汽缸蓋的塞孔，在最前端的兩個電極（中央電極和外側電極）之間放電，讓高壓混合氣濺起火花。在火星塞前端的正中央突起是中央電極；而延伸於金屬外殼的L型部分則是外側電極。

　　白色的部分是絕緣磁體，作用是將兩電極絕緣。絕緣體的中心是與中央電極相連的中央軸，在尾端的部分則有一連接端子與高壓導線相連。絕緣體的外側金屬部分是外殼，而分割的螺紋槽，則是為了要能裝置在塞孔上。火星塞最前端的外側電極並無連接高壓導線，這是因為引擎須接地，當火星塞裝置在汽缸蓋上時，電力才會流通。

　　要讓混合氣燃燒完全，好的火花很重要，因此火星塞的優劣，對引擎的性能影響極大。要產生好的火花，和電極間隙或電極的形狀等要素息息相關。

　　較廣為人知的高性能火星塞有銥合金火星塞和白金火星塞，是藉由極細的中央電極濺出火花，較容易點火。一般而言，中央電極太細會造成放熱不佳、消耗較快等缺點，但正因為使用較抗消耗的銥合金和白金材質，才成功克服了原本的缺陷。

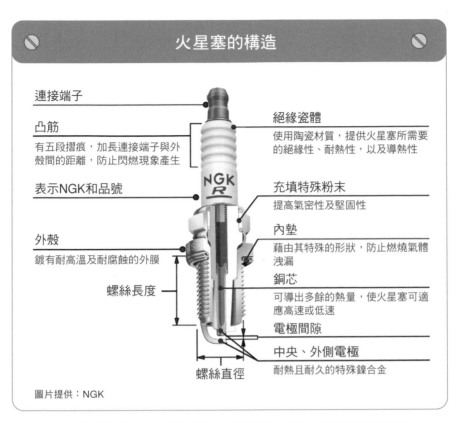

火星塞的構造

連接端子

凸筋
有五段摺痕，加長連接端子與外殼間的距離，防止閃燃現象產生

表示NGK和品號

外殼
鍍有耐高溫及耐腐蝕的外膜

螺絲長度

螺絲直徑

絕緣瓷體
使用陶瓷材質，提供火星塞所需要的絕緣性、耐熱性，以及導熱性

充填特殊粉末
提高氣密性及堅固性

內墊
藉由其特殊的形狀，防止燃燒氣體洩漏

銅芯
可導出多餘的熱量，使火星塞可適應高速或低速

電極間隙

中央、外側電極
耐熱且耐久的特殊鎳合金

圖片提供：NGK

火星塞的絕緣體部分凹凸不平的摺痕，稱為凸筋，最大功能是提高絕緣性。

點火進角

各位是否知道，混合氣從進氣汽門到汽缸，這之間可以製造燃燒的時間其實非常短暫。特別是當轉速高時，要配合上死點的時間點濺出火花的時間相當緊迫。因此點火系統有一功能稱作「進角功能」，會依照引擎轉速及油門狀況，將點火時機提前。進角功能可以在活塞到達上頂點前點火，再同時配合燃燒壓力最大的時間點和活塞下降的時間點，讓燃燒能量有效地轉換成動力。

火星塞的特性
—— 最重要的就是溫度和電極間隙

19

　　必須迫使混合氣燃燒的火星塞，周圍長時間地充滿熱氣。一般認為為了保護火星塞，必須要盡可能地散熱，但其實不然。火星塞有其適當的溫度需求，只要超過它所需的溫度，就無法正常地點火。太冷或太熱都不行，這就是火星塞的龜毛個性。

　　火星塞的適當溫度需求，約在攝氏500～950度。攝氏500度是溫度下限，稱為「自我潔淨溫度」，是能夠自行燃燒附著於絕緣瓷體積碳的溫度。若溫度低於此則會造成積碳，導致絕緣不佳而點火不良。攝氏950度為溫度上限，稱為「過早點火溫度」。當火星塞溫度過高，會使火星塞本身成為火種，而在製造火花之前就先自行著火，更嚴重的話，會造成電極熔解。能夠不使這種狀況發生的上限溫度即為攝氏950度。

　　除此之外，還有一個擾人的特性，就是中心電極及外側電極之間的電極間隙，也不能過寬或過窄。當電極間隙太窄時，容易被附近的電極吸取熱力而無法點火，或即使點了火也可能會熄火。而若沒有火源，當然就無法正常地燃燒。只有適當的電極間隙，才可以使火種不滅，確實地完成點火。但是如果電極間隙太寬，則需要高電壓才可點火，若稍有馬虎無法放電，就又會使點火無法順利產生。

火星塞常見的問題

正常　　　　電極消耗　　　燻黑　　　　氧化

電極消耗會使火花產生不易。此外，因為引擎的狀況，還可能會發生火星塞燻黑或是氧化的問題。

熱價與火星塞的散熱方式

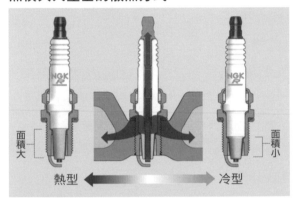

面積大

熱型　　　　　　　　　　　　冷型

面積小

散熱較不易的「熱型」，適合低速行走的車；而「冷型」則適合較常高速行走的車。

照片・圖片提供：NGK

火星塞的「熱價」

火星塞的溫度隨著燃燒狀態而不同，也會受到引擎動力或引擎使用方式的影響。雖然不管條件如何改變，只要能保持適當的溫度即可，但光是要做到這樣就已經很不容易。也因此，必須透過火星塞本身的冷卻能力來調整溫度。火星塞的散熱狀況，也就是冷卻能力，就稱為「熱價」。容易冷卻的為高熱價（冷型）；不易冷卻的則為低熱價（熱型）。所謂「引擎快發不動就降低熱價」的意思，就是當溫度過低時，為了使冷卻不易而將溫度提高。

引擎啓動系統
── 自動啓動器的性能比較好？

20

　　與電動馬達不同，引擎無法自行發動。爲了要燃燒混合氣以取得動力，必須先壓縮混合氣，而要在取得動力前，又必須要讓活塞活動。因此，讓引擎轉動的啓動裝置絕對是不可或缺的。啓動裝置有分爲腳踩踩發桿以轉動引擎的踩發桿式，和利用啓動馬達轉動引擎的自動啓動式。

　　踩發桿式，是利用腳踩踩發桿帶動齒輪，進而使曲軸迴轉。而將踩發桿的動作傳送到離合器的前方（引擎側）則稱爲主要式，使用這種方式，即使關閉離合器引擎也可以運作。相對於此，踩發桿的動作傳送到變速器的爲次要式，這是透過離合器使曲軸迴轉，因此若無離合器則無法啓動引擎。

　　自動啓動式則是利用齒輪使電動馬達的迴轉速度降低，並增大扭力以使曲軸迴轉。這種方式只需透過手邊按鍵進行簡單操作，起動性也不錯，但必須配備可以供應強力電動馬達或強大電流的電池。因此，從前自動啓動器只用在較大型的摩托車，而現今則是取代踩發桿式啓動，成爲標準配備。不過，對於較欠缺電器配線的摩托車或是追求輕量的摩托車而言，仍會選擇踩發桿式啓動方式。還有一部分是因爲「用腳踩啓動引擎才算是摩托車」的想法，才特地採取踩發桿式啓動方式。

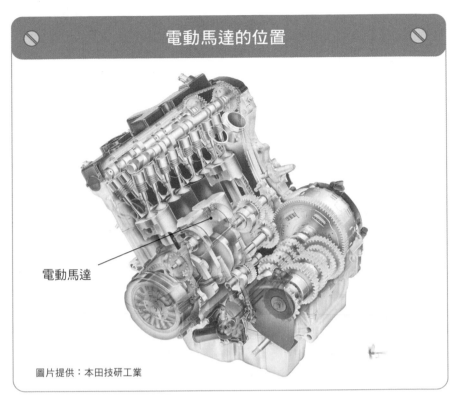

電動馬達的位置

電動馬達

圖片提供：本田技研工業

上圖是自動式啟動裝置所採用的電動馬達，不一定非要專用的電動馬達，有些摩托車也會將發電機作為電動馬達。

被踩發桿反踢一腳！？

從前，發動引擎就如同一種儀式，「是否能安全無虞地順利發動，就憑個人運氣了」。其中排氣量大的引擎並不容易發動，而若僅僅是無法發動就算了，有時還可能發生踩發桿回彈的狀況。踩發桿沒有踩到底，活塞沒有被完全壓縮即返回，造成引擎逆迴轉，使踩發桿回彈。快速逆迴轉的踩發桿可能會打中腳踝，更嚴重的話，還可能造成扭傷或骨折。

汽油種類

— 高級汽油就是高動力的汽油？

　　硬是把高級汽油灌入標準樣式的摩托車，會發生什麼事呢？也許會期待「高級汽油＝高動力」，但很遺憾的，即使加了高級汽油，也沒有任何意義。普通汽油與高級汽油的差別在於辛烷值。辛烷值也就是抗爆震性，數字愈大，表示愈不容易發生爆震，因此高級汽油又稱作「高辛烷汽油」。

　　壓縮比高的汽油特別容易造成爆震的問題。雖然提高壓縮比可以提升動力，但同時也會比較容易發生爆震。相反地，要能避免爆震又能保有動力，就必須使用高級汽油。因此，通常指定使用高級汽油的，多是壓縮比較高的高動能引擎，若把高級汽油加到指定使用普通汽油的引擎，也不會產生和其價差相同的動力提升。

　　進口車常指定使用高級汽油的主要原因，是因為歐美的汽油辛烷值與日本不同。在日本販賣的普通汽油辛烷值約為90，高級汽油則約98～100。相對於此，歐美的汽油，有分91、95、98（100）三種類的辛烷值，其中辛烷值95是較普遍的標準。正因為歐美是以使用此種汽油為前提來設計摩托車，因此在日本就必須指定使用高級汽油。（註：台灣所販賣的汽油分為92、95、98三種辛烷值。）

第 3 章

驅動系統的構造

由引擎產生的動力，
若沒有適當地傳送到輪胎，則無法使摩托車移動。
而負責傳送動力的，就是「驅動系統」。
在此章節，將解說離合器、變速器、換檔桿，
以及最近愈來愈普及的自動排檔系統。

照片提供：F.C.C

上圖是日本最具代表的離合器廠商F.C.C所生產的溼式多板離合器。少了離合器，
摩托車的引擎動力就無法自由自在地發揮。

驅動系統的功能
── 驅動系統是做什麼的？

    從摩托車的側面看過去，雖然可以看到與引擎相連的驅動鏈條，但絕不是由引擎直接帶動後輪迴轉。

    引擎以每分鐘數千次的速度迴轉，假設是由引擎直接帶動後輪迴轉，則後輪就得以每小時數百公里的速度前進了。而執行降低迴轉數，就是驅動系統的功能之一。引擎的迴轉，會藉由經過離合器、變速器，以及驅動鏈條等驅動系統降低速度，並將迴轉數降低後，才傳導至後輪。

    為什麼引擎必須快速迴轉呢？因為若不這樣做，摩托車就無法正常行走。摩托車要能正常行走，必須要對道路施以一定的驅動力；然而，引擎所產生的實際扭力（迴轉力），卻遠小於我們的想像，這麼小的扭力，是無法使摩托車移動的。因此，必須使用齒輪讓扭力增加。利用齒輪原理降低迴轉並增加扭力，就是驅動系統機械構造的另一項功能。

    為了得到足夠的扭力，必須大幅降低迴轉數。但是若引擎直接以緩慢的速度迴轉，頂多能使摩托車勉強移動，卻不可能展現速度，因此引擎仍須快速迴轉。

    總而言之，驅動系統的機械構造，是執行降低迴轉數及增加扭力的工作，可以說是引擎的好助手。

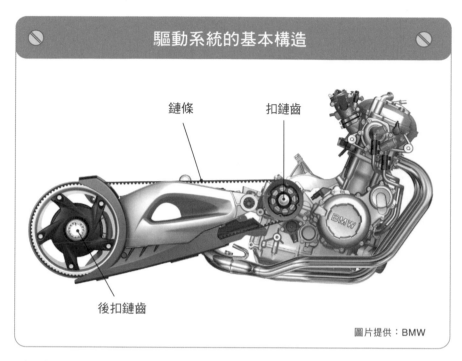

驅動系統的基本構造

鏈條

扣鏈齒

後扣鏈齒

圖片提供：BMW

將引擎動力轉變為適合摩托車前進的形式，並將其動力傳至後輪的驅動系統。

出乎意料的貧乏扭力

如果只有一個大人加上簡單的行李，即使只是小型摩托車，要正常前進也不是問題。觀察小型摩托車的規格，其引擎最大扭力僅有4～5Nm。而與栓緊火星塞所需的扭力相比，螺徑為10mm的火星塞所需扭力則為10～12Nm，竟比小型摩托車的扭力大出近一倍。這意味著小型摩托車所擁有的扭力，無法把火星塞栓緊。因此，透過高速轉動的引擎，來掩護不足的扭力。以人來作比喻，可以用「雖然瘦弱沒勁，但動作卻相當迅速」來形容該動力源。

離合器的功能

② ── 爲什麼非得要操作那麼麻煩的離合器？

即使是經驗豐富的騎士，遇到像塞車這種必須反覆走走停停的狀況，操作離合器也會變成一件麻煩事，更何況對於才剛接觸的人而言，操作離合器更是不小的困擾。而摩托車之所以採用如此麻煩的離合器，最重要的理由，就是爲了從引擎取得動力源。

引擎作爲動力來源，擁有非常多的優點，但事實上，它也存在著不少缺點。而離合器，則是爲了幫助引擎掩飾其本身的缺點。譬如，引擎不像電動馬達可以靠自身的力量轉動。因此，即使車子暫停，引擎也必須繼續轉動。此時，爲了要讓摩托車處於停止狀態，就必須藉由離合器，讓引擎與變速器等驅動系統分離。

另外，在摩托車剛發動，並開始緩緩移動時，因爲引擎處於低迴轉而造成動力不足，如果這時提高轉速傳送動力，摩托車可能會急速地向前疾馳。此時，可以利用半離合器的技巧，在不停止引擎轉動的前提下，提高轉速，緩緩地傳送動力，摩托車便不會突然向前衝；然後於摩托車開始前進之後，再利用離合器將動力結合。

正因如此，無論何種摩托車都需要離合器。就算是自動排檔系統，也少不了離合器作爲發動裝置，而之所以不需要操作離合器，則是因爲備有自動作動離合器（或者應該說是類似離合器的東西）的緣故。

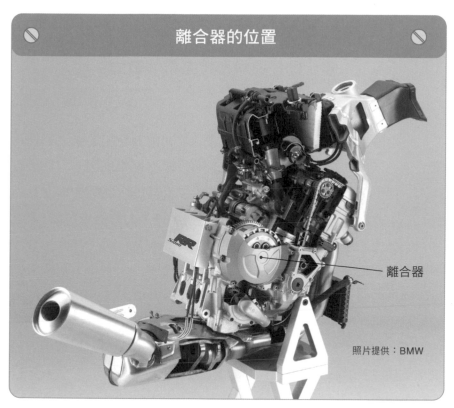

離合器的位置

離合器

照片提供：BMW

離合器位於驅動系統的入口處，在曲軸後方變速器的側邊。照片是BMW「S 1000 RR」的配備。

單向離合器

如果在行走中突然關閉節氣閥強迫降檔，會造成引擎激烈煞車。如此一來，可能會產生後輪鎖死或彈跳等狀況，摩托車將陷入非常不穩定的狀態。因此，有部分的摩托車，會在離合器中，裝置可以減輕因為激烈引擎煞車所造成危險的構造，稱為「單向離合器」。它的施力方向和一般相反，會自動產生半離合器的狀態，能夠減輕引擎煞車所帶來的衝擊。

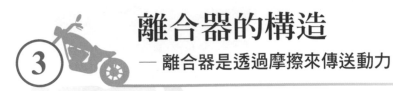

離合器的構造
3 — 離合器是透過摩擦來傳送動力

　　離合器是結合或切斷引擎與變速器之間動力連結的機械構造。傳送動力所靠的是摩擦力，以汽車或部分摩托車所使用的「單板離合器」為例，藉由壓迫與變速器相連的離合器板，將動力傳送到與引擎同步迴轉的飛輪，因此一旦停止壓迫，則動力傳送也暫停。

　　摩托車通常屬於由兩個以上相互重疊的離合器板（離合器片和摩擦板所組成），來傳送動力的「多板離合器」。離合器板太多難免使構造較複雜，但其原理與單板離合器並無差異。利用彈簧的力道將離合器片下壓，再利用摩擦力以傳送動力。摩托車這種偏向高馬力高迴轉的引擎，採用複數的離合器板可以減少所占面積，對於本身空間就受限制的摩托車而言，是最適合不過了。

　　多板離合器可分為將離合器浸泡在引擎機油的「溼式多板」，和直接暴露於空氣中的「乾式多板」。溼式多板離合器因為可透過機油冷卻，因此其散熱性與耐磨耗性較好，且在半離合器狀態也能運轉地較順暢。但因為離合器板浸泡在機油中，有阻力較大、較不易切斷動力的缺點。

　　相反地，乾式離合器有阻力較小且較易切斷動力的優點，但散熱及抗磨耗則是它的弱點，又加上因為沒有機油緩衝，噪音也比較大。因此，乾式離合器僅有特別重視性能的賽車及部分高性能機種才會使用，大多數的摩托車還是選用耐久性較高的溼式離合器。

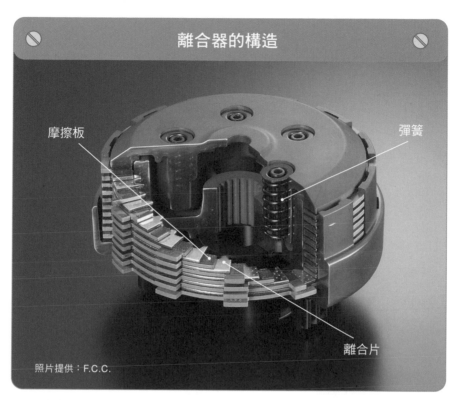

離合器的構造

摩擦板

彈簧

離合片

照片提供：F.C.C.

多板離合器是由靠近引擎側的離合器片和靠近變速器側的離合器片交互重疊而成。

Motorcycle

踩不動的離合器

在冬天早上引擎極為冰冷的時候，常常發生「低速檔熄火」「換檔時發生爆震」等狀況。這其實是因為離合器本身構造設計所導致，而並非是離合器或變速器損壞所引起。大多數的摩托車使用的都是溼式多板的離合器，而溼式多板離合器是浸泡在機油中，因此低溫時機油會變得較黏，使得離合器無法順利的切斷動力。只要透過暖機讓機油溫度上升，這樣的狀況就會自然而然地消失了。

變速器的功能
— 少了變速器摩托車就跑不動？

④

先前已經說明，摩托車是靠提高引擎轉速以取得動力。太過高速的迴轉會由驅動系統來進行減速，同時增加扭力。利用如同槓桿或滑輪的原理，迴轉數降到一半，扭力就可以多一倍，以提高扭力。笨重摩托車也就是靠這樣的方式，才能夠產生足以移動的扭力。

但麻煩的是，光是靠一定比例的減速，仍不足以讓摩托車正常前進。因為如果考慮到發動所需要的動力而減速，會造成速度不夠；相反地，為了增加速度而加速，卻會造成啟動的動力不足。能夠解決這個問題的，就是可切換減速比的變速器。

變速器是利用兩個大小不一的齒輪咬合以改變迴轉數。而迴轉數的變化受制於這兩個齒輪的尺寸比率（齒輪比），因此齒輪的組合方式會有好幾種，以依照狀況切換到適合的齒輪。這就是所謂的「換檔」，可以藉由操作換檔踏板來選擇合適的齒輪組合。

引擎動力會先在離合器前減速（一次減速），減速後的動力會由離合器傳送到變速器；然後，變速器會選擇合適的齒輪減速（或增速）；接著，動力繼續傳送到扣鏈齒、傳動鏈條，和後輪的驅動扣鏈齒時，再次進行減速（二次減速）。之所以需要重複減速，是因為摩托車在構造上，無法裝置可以一次就大幅減速的齒輪。

變速器的構造

凸輪軸

進排氣汽門

活塞

連桿

驅動扣鏈齒

定時鏈條

變速器

曲軸

離合器

圖片提供：BMW

引擎必須提高迴轉才可取得動力，因此，為了讓摩托車移動，必須適當地由變速器降低引擎的迴轉數。

可以不透過離合器換檔嗎？

曾經遇過離合器線斷裂的人應該知道，少了離合器，要發動摩托車是多麼不容易的一件事。但若只是要換檔，倒是很容易。摩托車的變速器可以在油門收回的那一瞬間，不需經由離合器就可以順暢地切換檔位。而若是要發動，就只能先輕開油門，接著強制從空檔打到二檔；或是有的摩托車能夠直接入二檔轉動電動馬達即可開始前進。

換檔桿的構造
── 如何切換齒輪？

5

最高速愈快愈好！加速也必須很棒！想在高速公路上更省油就要減少引擎迴轉！希望燃油消耗率更好！能夠回應以上需求的，就是變速器了。

變速器和離合器一樣位於引擎後方，裝置在曲軸箱內。而變速器內部，則由兩支裝有大大小小齒輪的軸體組成。其中一支是通到離合器，傳送引擎動力的主軸；另一支則是用來驅動鏈條，將動力傳送到後輪的驅動軸。動力的傳輸方向，是由主軸上的齒輪，傳送到驅動軸上的齒輪。而動力傳送時所選擇的齒輪組合，即可決定變速比。

齒輪的組合方式就是可變速的段數，以六段速的變速器而言，就表示有六組齒輪組合。每對齒輪平常都處於互相咬合的狀態（稱為「常時咬合式」），不論哪一個齒輪都未與軸體結合，處於空轉的狀態。當所有的齒輪都在此狀態，就是空檔，因為每組齒輪都只有空轉，因此不會傳送任何動力。

透過操作換檔桿來選擇齒輪時，原本空轉的齒輪就會與軸體結合，開始連動，動力在經由齒輪變速後，傳送至驅動軸。雖然我們說操作換檔桿是為了重組欲使用的齒輪，但實際上，操作換檔桿是選擇要讓哪些齒輪作結合。

變速器內部

主軸

驅動軸

照片提供：KAWASAKI MOTORS JAPAN

變速器基本上是用作降低迴轉，但到了五檔或六檔，反而能提高迴轉。

令齒輪結合的犬齒接合器

讓空轉齒輪與軸體結合的齒輪，分別並列於軸體上。某變速段的空轉齒輪旁，就是已結合其他變速段的齒輪。當操作換擋踏板時，已結合的齒輪會橫移，並與原本空轉的齒輪合體。而空轉的齒輪，會透過旁邊已與軸體結合的齒輪，也開始與軸體一同連動。讓齒輪相互結合的，是稱作「犬齒接合器」的結構，它的構造是由已結合的齒輪側面突出的爪，與空轉齒輪上的洞相互嚙合的方式結合。

換檔方式
6 — 分爲往復式及循環式

　　用手換檔的汽車，和用腳打檔的摩托車，雖一樣都是換檔，但情況卻大大不同。用腳換檔的摩托車，其操作比汽車單純，只要將變速器往上撥，即可增檔；往下撥，則是降檔。

　　此外，汽車在換檔的時候，必須先打爲空檔，接著再任意選擇所需要的檔位；而摩托車則不需要經由空檔即可變換檔位，但必須一段一段有順序地換檔。摩托車這種依照順序的換檔，稱爲「順序式換擋」，又因爲不需先打空檔，因此可以更快速地換檔。這種方式也會使用在賽車用的汽車上，但是打檔時不能跳檔，也有些麻煩。

　　摩托車的換檔方式有往復式及循環式兩種。其中從低檔到高檔，再從高檔到低檔的往復式打檔模式，爲多數摩托車所採用。當檔位已最高，接下來只能降檔。而商用車較常用的換檔模式則爲循環式。當升到最高檔位，接下來必須先回空檔，再進行降檔。因爲循環式換擋能在最高檔位直接回到空檔，因此對送報紙等必須時常走走停停的摩托車而言是相當便利的，但必須要小心操作錯誤而直接打入低檔。

圖片提供：BMW

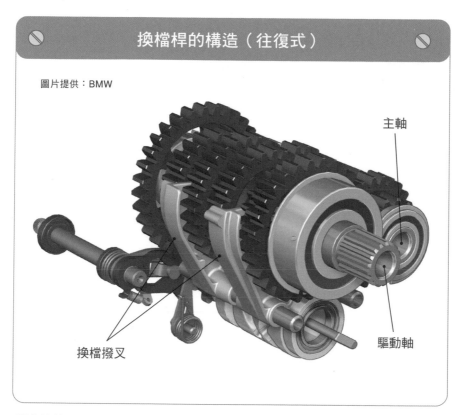

主軸

驅動軸

換檔撥叉

操作換檔桿的動作，會帶動變速鼓和換檔撥叉，再由換檔撥叉滑動齒輪。

Motorcycle

離合器踏板和手動排檔桿

通常摩托車的換檔，是利用左腳來操作，但也有少部分的摩托車，是用手來操作換檔。譬如舊型（超過60年以上）的哈雷機車，其打檔方式就如同汽車，是用手來操作的手動排檔。它的離合器也是像汽車一樣，用腳踩踏板來操作。另外像是義大利的偉士牌，只要扭轉左手的握把即可換檔，有趣的是，它的離合器也是用左手操作。

齒輪比（密齒比）
── 如何決定齒輪組合？

7

常常可以在雜誌的報導看到「密齒比使得齒輪的結合較好……」，「密齒比」這個專業用語，英文是「Close Ratio」，也就是接近的齒輪比的意思。

齒輪比愈接近，表示齒輪比的大小差異愈小，這樣的齒輪組合，即便換檔，引擎迴轉數也不會有太大的變化。如此一來，升檔時加速力不會大幅降低；相反地，降檔時，迴轉數也不會一下子往上跳，使得引擎即使處於高轉速運轉，也可以再降一檔。

動力帶（可取得大動力的轉速範圍）較窄的高迴轉高馬力型的引擎，會因為升檔造成迴轉數急墜，使得加速力也瞬間降低。而密齒比卻能有效預防這樣的問題。因此，動力相對較不充足的中型街車，會採用密齒的六段變速；而動力較充足的引擎，或是動力較不會因為迴轉數而大幅改變的扭力重視引擎，譬如大型的巡航車等，則會採用五段變速。

不過，當變速段數增加，機械構造也勢必更加複雜，重量也一定更重。不僅如此，當變速段數過多也會增加換檔操作的負擔。所以並不是變速段數愈多愈好，最重要的，還是要能適合引擎本身的需求。

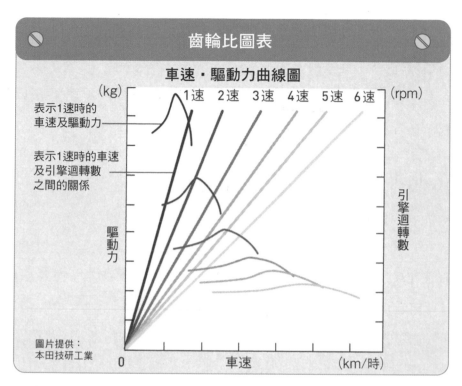

齒輪比圖表

車速・驅動力曲線圖

(kg)　1速　2速　3速　4速　5速　6速　(rpm)

表示1速時的
車速及驅動力

表示1速時的車速
及引擎迴轉數
之間的關係

驅動力

引擎迴轉數

圖片提供：
本田技研工業

0　　　　車速　　　　(km/時)

升檔時，會因為齒輪比不同而使引擎迴轉數下降。齒輪比的差愈小，其迴轉下降的程度也會比較小。

Motorcycle

行走阻力

行走阻力是妨礙摩托車前進的作用力，包括了轉彎阻力、空氣阻力、坡度阻力及加速阻力等。轉彎阻力是發生在轉彎時，因輪胎與路面擠壓變形所產生的阻力，它會與包括騎士重量在內的摩托車整體重量成正比提高；另外，它也會和輪胎本身特性及胎壓息息相關，當速度愈高則影響愈明顯。空氣阻力則是行走時與空氣碰觸所產生的阻力。爬坡時需要增加動力，是因為坡度阻力造成；當速度提高時，會發生加速阻力來妨礙摩托車前進。

自動排檔系統的構造
── 速克達的自排與汽車一樣嗎？

8

　　打檔車一定會有的換檔，是騎摩托車時的主要樂趣之一。但是，如果得不斷重複發動和停止的操作，實在是太不方便。因此，在街道上的速克達幾乎都以自動排檔車為標準配備。最近甚至出現了「可打檔」的自排車。

　　從小型摩托車到大型速克達，它們的自動排檔系統主要都是採用V型皮帶。以汽車來說則相當於無段變速系統（CVT），它的最大特徵在於變速比並非是階段性，而是連續性的變化，因此才稱為「無段」變速。但是，CVT本身並無遮斷或連接動力的功能，因此發動用的離合器是採用自動遠心離合器。

　　V型皮帶的機械構造，基本上是用皮帶連接兩個滑車（將迴轉力傳導至皮帶的滑輪）。動力是藉由滑車與皮帶摩擦加以傳導，利用變換不同的滑車半徑而改變變速比。自動遠心離合器則是將滑車裝置在動力（後輪）側，配合滑車的迴轉緩緩地傳送動力。

　　滑車上有V型的溝槽，當輸入側的滑車迴轉加快時，溝槽的幅度會漸漸變窄，而原本箝在溝槽內的皮帶，就會被擠壓到外側。此時，因為皮帶本身長度並無改變，皮帶會把輸出側的驅動輪溝槽撐大並向內側移動。如此一來，滑車的半徑會從「輸入側＜輸出側」變成「輸入側＞輸出側」，減速比變小，速度就能提高。

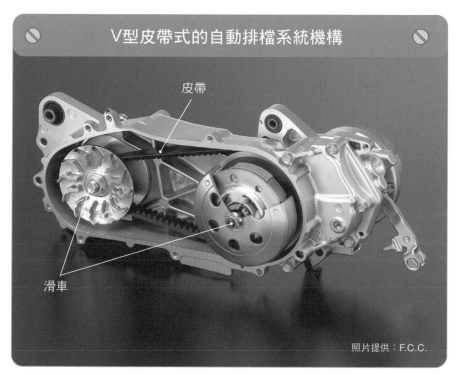

V型皮帶式的自動排檔系統機構

皮帶

滑車

照片提供：F.C.C.

通常V型皮帶式的自動排檔系統尺寸較大，但是現在也開始研發尺寸與手動傳動系統較接近的精巧版。

扭力轉換器的自動排檔系統

汽車通常都是採用扭力轉換器式的自動排檔系統，這種方式在現在的摩托車上已不復見。但其實，扭力轉換器式的摩托車，歷史相當悠久，在約50年前的速克達就已經採用了。其中最有名氣的，是1977年HONDA的EARA。EARA是750cc的引擎，搭載HONDA自製的自動排檔系統，主打高級感的巡航車。次年又推出同樣搭載扭力轉換器式的400cc車款，但很可惜這兩台車，都沒能成功地聚集人氣。

自動排檔系統的變化
—— 只將離合器改爲自動化的遠心離合器

雖然自動排檔系統是「把手排車一定會有的離合器及換檔桿這兩項操作自動化」，但其中仍有一些摩托車採用只有離合器操作自動化的「自動離合器」。

自動離合器算是手排車，卻不需要操作離合器，通常多使用於商用車。因爲不需要操縱離合器桿，說得誇張一點，根本不需要左手就能駕駛摩托車，因此有人說它最早就是爲了讓送外賣的人也可以單手駕駛，才開始研發的。

自動離合器大多採用利用離心力原理的遠心離合器。這種離合器是利用受到離心力而轉動的砝碼移動，使離合器結合。當引擎轉速上升時，離合器結合，就可以讓摩托車自動發動。它的原理與V型皮帶式的遠心離合器相差無幾，但商用車的遠心離合器和一般離合器一樣，裝置在引擎與變速器之間。

雖然因爲自動化使離合器的操作可以被省略，卻仍必須操作換檔桿，這讓人有點不上不下的感覺，而事實上，能夠省略離合器的操作，就足以使駕駛輕鬆許多了。因此在大型摩托車的世界裡，也開始出現了不需操作離合器的車型。YAMAHA的「FJRI300AS」就是利用電子控制離合器及換檔，使發動或排檔時的離合器操作改爲自動化，但換檔則仍要透過腳操作排檔踏板或手操作換檔桿方可進行。

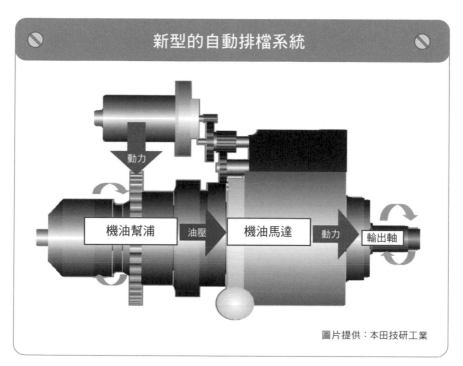

新型的自動排檔系統

機油幫浦 → 油壓 → 機油馬達 → 動力 → 輸出軸

動力

圖片提供：本田技研工業

被稱爲「HFT（Human Friendly Transmission）」的新型自動排檔系統，是大幅精巧化的機型，它最大的特色就是可以隨著油壓傳送扭力，因此效率不錯。

Motorcycle

油壓機械式的無段變速機

HONDA的「DN-01」採用運動模式自動排檔系統概念。這台摩托車，正是搭載上述的HFT模式自動排檔系統。HFT是利用引擎轉動機油幫浦，再透過油壓讓機油馬達轉動並變速，最後以機械式傳送扭力的油壓機械式的無段變速系統（CVT）。它的大小幾乎精巧到可以收納在曲軸箱內，卻有能力傳送比V型皮帶式的CVT更大的扭力，還可以發揮更敏捷的回應力，集合了眾多優點。

鏈條傳動

——爲什麼摩托車要使用鏈條傳動？

　　引擎的動力在傳送到後輪之前，必須經由鏈條傳動來進行二次減速。從引擎傳送至離合器，再到變速器的動力，會在這裡進行最後一次減速，因此鏈條又稱爲「最終減速機構」。

　　摩托車的傳動鏈條使用的是形狀類似齒輪的「鏈齒」和「鏈滾」，構造就和腳踏車一樣。前後鏈齒的大小與腳踏車的相反，變速器的輸出軸是較小的鏈齒，而後輪則裝置較大的鏈齒。這兩個鏈齒之間的齒數差異，就是最終減速比。

　　因爲驅動鏈條的構造簡單、輕量、成本低，再加上鏈齒很容易更換，這些優勢都使它成爲大多數摩托車的首選。不僅如此，順暢的加速，及可以巧妙吸收因爲懸架裝置上下振動所產生，位於前後鏈齒間的距離變化等，這些都是利用鏈條傳動的特色。

　　擁有如此多優點的鏈條傳動，當然也有不少缺點。鏈條與鏈齒必須以油潤滑，但是毫無覆蓋的鏈條不僅容易弄髒，遇到下雨天又會被雨沖刷，因此勢必得常常上油。除此之外，鏈條容易被愈拉愈長，鏈齒也容易減小，因此必須要定期的調整及維護保養鏈條。此外，鏈條驅動和別的方式相比，其噪音和振動會較大，也算是它的缺點之一。

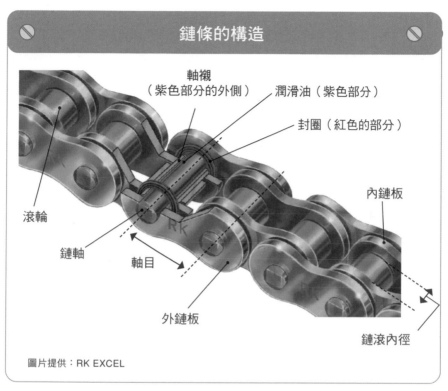

鏈條的構造

軸襯
（紫色部分的外側）

潤滑油（紫色部分）

封圈（紅色的部分）

內鏈板

滾輪

鏈軸

軸目

外鏈板

鏈滾內徑

圖片提供：RK EXCEL

鏈條上的鏈板及鏈滾會不斷受到摩擦。要減少摩擦就必須使用潤滑油。

Motorcycle

鏈條會愈來愈長

鏈條是由與齒鏈咬合的鏈滾、夾住鏈滾的內鏈板與外鏈板等零件所構成。外鏈板兩端突出來的，是貫通鏈滾的鏈軸，藉由這個鏈軸，連接鏈滾及兩側的鏈板。鏈條看起來會愈來愈長，是因為鏈軸或鏈軸與鏈滾之間的軸襯磨耗所造成，而並不是鏈條本身變長了。而一般所知較不容易變長的油封鏈，則是因為在鏈軸和軸襯之間有注入潤滑油而成功抑制磨耗的緣故。

軸傳動與皮帶傳動
— 大型巡航車多使用軸傳動？

11

不論鏈條傳動有多少優點，但對於覺得維修很麻煩或不喜歡油汙的人而言，最合適的還是軸傳動及皮帶傳動。話雖如此，但不管是軸傳動或是皮帶傳動，都只是少數派，而且也和所選擇的摩托車類型息息相關。

軸傳動是用傳動軸和齒輪取代鏈條傳動的鏈齒及鏈滾，在傳動軸前端的齒輪和後輪的齒輪相互咬合，以傳送動力。傳動軸與後輪的迴轉方向相反，因此利用斜齒齒輪將迴轉方向轉90度。位於變速器那一側的也會用這種方式改變迴轉方向，但若是屬於縱置的引擎，這一部分的方向迴轉可被省略。因此，BMW或MOTO GUZZI等主要採用縱置引擎的摩托車，較常採用軸傳動的方式。

軸傳動的潤滑相當完善，維護保養也不需花費太多時間，與鏈條傳動相比，耐久性較高，噪音也較小。但因為其重量較重且價格較高，使得重視跑車特性及追求輕量的機種較難採用。此外，在發動或加速時，尾部會翹起的特性，對一些騎士而言，可能也是缺點之一。

而皮帶傳動，則是把鏈條換為皮帶，將鏈齒改為皮帶輪，因此比鏈條更為安靜，重量當然也更輕。再加上它本身不需要加油潤滑，因此也不需要擔心油汙的問題。但皮帶仍有許多缺點，例如因為皮帶比鏈條容易扭曲，為了避免扭曲，皮帶輪必須較大，相對地就得占用更多空間，使得價格不便宜。

軸傳動的構造

斜齒齒輪

傳動軸

圖片提供：BMW

軸傳動其實由來已久，從鏈條還尚未普及之前就出現了。

Motorcycle

速克達是利用V型皮帶驅動？

速克達所使用的V型皮帶式自動排檔系統，其連接滑車與滑車之間的皮帶，正好位於一般摩托車鏈條的位置。然而，這個皮帶並非二次減速機構。後方的滑車並非直接帶動後輪迴轉，它的二次減速機構，是另外獨立的齒輪機構。因此，雖然速克達使用皮帶，但並非以皮帶傳動，而應該說是「齒輪傳動」吧。

雙離合器變速箱

─ 既是自動排檔，又可以充分享受跑車的騎乘樂趣

　　HONDA在2009年東京摩托車展所發表的雙離合器變速箱，不但操作簡單，又可享受跑車行走樂趣，是非常適合用於大型摩托車的自動排檔系統。它是以手動排檔系統為基礎，因為離合器與換檔桿的操作都被自動化，效率因而提升，燃油消耗率卻絲毫不比手排車遜色。

　　它最大的特徵，是離合器備有奇數段用（一速、三速、五速）和偶數段用（二速、四速、六速）兩種。這個功能完美地呈現換檔時，可以快速且流暢地將一邊的離合器中斷，同時將另一邊的離合器結合。騎士可以選擇一般行走用的「D模式」或賽車時用的「S模式」，利用按鍵即可操作「六段變速」。

二、四、六速用的離合器（藍色）
一、三、五速用的離合器（紅色）

二、四、六速用離合器
曲軸 IN
外主軸
內主軸
一、三、五速發動用離合器
五速 一速　三速 四速　六速 二速
OUT　前軸

採用兩層構造的主軸，可使兩組三檔位的變速器一體化。紅色部分是奇數段，藍色部分則是偶數段。

照片、圖片提供：本田技研工業

第4章

車體的構造

「車體」支撐著包括引擎、引擎周邊機器，
以及驅動系統等機械構造，作為與輪胎之間的連結。
在此章節，將詳細介紹從車架到油箱、切風用的整流罩、
坐墊、電瓶以及頭燈等各種零件。

照片提供：DUCATI JAPAN

摩托車的車架，就如同人體的骨骼。將摩托車組合而成的車架，是摩托車的基礎。照片中的摩托車是DUCATI「Monster 1100S」。

車體的構造
—— 使摩托車具獨特性的摩托車車體

①

　　汽車是由馬車演進而來，因此汽車的車體也與馬車類似——箱型的車體、四個輪子、取代馬的引擎則一樣位於車體前方。而摩托車，或許可以說是馬的替身。貫穿身體前後的基本骨架下方，有最重要的心臟部位（引擎等）、如同前腳般的前叉，和如同後腳般的搖臂。差別在於摩托車不僅是「皮包鐵」，連大部分的機械裝置都是裸露在外。還有，一旦車子停止，就會倒下，這一點也和真正的馬不盡相同。

　　擁有箱型車體的汽車，其所有機械構造都與乘客處於平行狀態；而摩托車則與汽車不同，油箱或坐墊在引擎上方，騎士則坐在坐墊上方，呈現層層堆疊的狀態。

　　也正因如此，摩托車雖然橫幅較窄，但相對地，重心較高，軸距也比較短，使得前後方向的重心移動和姿勢變化較顯著。突然的加速，會使前輪的重量劇減，有時甚至會造成前輪翹起；而如果突然煞車，則又可能使前輪必須承受所有的重力。

　　以上種種是摩托車天生的特性，因此在駕駛摩托車時，不論是重心或是姿勢，都少不了精準的控制。雖然摩托車常被拿來與汽車比較，而實際上，光是車體的構造，就天差地遠，摩托車無法像汽車那般任誰都能使其移動。

YAMAHA「YZF-M1」

圖片提供：YAMAHA發動機

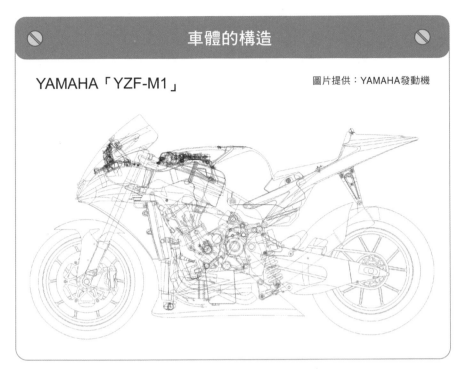

重視運動性能的摩托車，為了減輕慣性所帶來的負面效果，因而將各機械裝置的重心盡可能地集中。

人車一體？

因為摩托車要跨騎，因此常常被拿來和馬做比喻。如果摩托車是馬的話，那騎車就應該如同騎馬。然而仔細想想，它們的操作方法似乎又不盡相同。騎馬需要「騎馬的人與馬兩者之間心意相通」，也就是所謂的人馬一體；而摩托車必須靠騎士的操作而動作，當然無法察覺到我們的心情，更何況摩托車還得靠騎士積極地運用身體律動來控制，若真的人車一體，恐怕反而無法順利前進。

摩托車的樣式
——最基本的車型是街車與越野車

2

　　摩托車可以粗略地分為街車及越野車，然後再如同生物進化過程般，分化成各式各樣的種類。

　　街車是摩托車的主流樣式，主要被設定為行駛於鋪裝路上，追求行駛性能並大幅提升運動性的跑車就屬於此類；還有訴求與之恰恰相反，重視遠距離行駛機能的巡航車也在這個分類下。這兩種樣式基本上都裝有整流板。而巡航車又包含了較重視行駛性能的跑旅車，或追求如汽車般舒適性的美式大型巡航車等。

　　而稱作「Naked Bike」的無配備整流罩街車，性能介於跑車與巡航車之間，功能較為全面。它沿襲了古老的傳統，長長往前延伸的前叉和舒適的座位，是它最大的特徵，美國人則習慣稱其為「美式嬉皮車」。除此之外，還有速克達或商用車等，也都被歸類於街車。

　　越野車則被設定為於非鋪裝路，如泥濘路或越野道上行駛的摩托車。通常以街爬雙用車為主流，於街車及越野車之間取得平衡，其全面性更勝於上述的美式嬉皮車。它包含了例如場地賽越野車、技術爬山車和耐力賽越野車等類型。

新型街車

HONDA「DN-01」

照片提供：本田技研工業

標榜「自排跑車」的HONDA「DN-01」，是不但搭載自動排檔系統，又能感受跑車行駛樂趣的新機種。

街車與越野車的大融合

越野車系擅長於泥濘中行駛，而能將其俐落且輕量的車體優點善用在鋪裝路，就屬把胎塊輪胎換成小尺寸街車用輪胎的滑胎車。而若將越野車裝上比其俐落車體稍大的引擎，再配備半整流罩，則又成為比大型越野車更適合行駛鋪裝路的機種；因為選擇犧牲行駛於泥濘路的優勢，換取高速行駛的街車性能，因此較巡航車更為便利。

車架的功能

── 摩托車的車架是以腳踏車爲基礎

3

　　汽車所使用的車架是一體式金屬車架；而摩托車的車架則幾乎是由管子組成。以動物爲例，汽車就如同擁有堅硬外骨骼的昆蟲類；摩托車則類似哺乳類，身體內部有骨骼的脊椎動物。當然，摩托車不像我們有皮膚和肌肉包覆，但是，以骨架支撐身體的構造絕對是相同的。

　　車架可以說是摩托車最基本的構成要素。它是組裝引擎、前後懸架裝置，及油箱、坐墊等機構的基礎，並承受來自引擎或懸架裝置傳來的力道。不僅如此，摩托車的大小和軸距、重心位置等，也是由車架設計來決定。

　　摩托車最原始的狀態，即是將引擎搭載於腳踏車上，因此，其車架最早期也設計成和腳踏車一樣。在由管子所組成的車架上，先是裝上引擎，再配上油箱、坐墊，接著採用了後懸架裝置，這一連串的變化，造就了現在的車體原型。部分商用車型，可能會使用壓模成型來取代管子組成的車體，但大部分的摩托車仍是以管子構成的形體爲主。

　　然而隨著摩托車的性能不斷進化，腳踏車的車架形式已經無法跟上轉變。結果，現在開始不斷出現加強引擎部位強度的鑽石車架、鋁合金管車架等摩托車專用車架。

摩托車的車架（桁架結構式車體）

DUCATI「Monster 1100S」

照片提供：DUCATI JAPAN

由管子所組合而成的「桁架構造」

隨著引擎性能的提高以及動力系統的升級，作為骨骼的車架也開始被要求展現更高的性能，因而進化為各種形式。

如鐵橋般的桁架車體

桁架概念常用於鐵橋或大型起重機的構造，外觀是以數個三角形組合而成。雖然用來作為摩托車的車架較不常見，但獨受DUCATI青睞，因而廣為人知。它使用了許多較細的管子組裝而成，因此不但構造複雜，製作過程也相當繁複，然而卻擁有高剛性及輕量化等優點。不僅如此，它本身的設計，也能展現出摩托車的獨特性格。材質則以鋼鐵或鋁合金為主。

車架的構造

─ 基本款是環抱式車架與鑽石式車架

　　雖然摩托車的車架有各式各樣的形狀，但基本外觀都是前方的上部裝有前叉，車體中央下方則裝有搖臂。除了速克達之外，大部分的摩托車引擎及座位位置都差不多，但仍會因爲各部位的零件排列方式而有些微不同，使得車架形狀也不盡相同。

　　環抱式車架與鑽石式車架從很早以前就開始使用，即使到現在，也是摩托車車架的基本形式。環抱式車架就如同搖籃一般，將引擎從下方環抱作爲支撐。有兩根支撐骨架（引擎前方的管子）作爲支撐的，稱爲雙環抱式；原本是一根支撐骨架，到了引擎下方分爲兩根的，則稱爲半環抱式。

　　鑽石式車架則是沒有引擎下部的支撐骨架，而利用引擎的強度，讓引擎本身成爲車架的一部分。同樣的原理，還有背骨式車架，是加強背骨部分的車架型式。而不論是鑽石式車架或是背骨式車架，最大目的都是爲了追求輕量化的優勢。

　　車架的材料基本上都是鋼鐵製的，一直到了1980年代，出現了鋁合金，車架形狀才隨之大幅改變。其中最具代表性的，就是常見於跑車的雙翼樑框式車架。它連接頭管到搖臂樞軸的主要骨架，採用了斷面類似「日」或「目」字形的粗管，同時兼顧了剛性及輕量化。

摩托車的車架（鋁製三角構架式車架）

頭管

主骨架

搖臂樞軸

照片提供：YAMAHA發動機

因為摩托車性能不斷提高，使車架的剛性需求也日益升高，然而最近卻開始有積極運用車架本身柔韌力的傾向。

Motorcycle

速克達的車架

以前的速克達是跟汽車一樣採用一體式車架（偉士牌則是到現在仍使用一體式車架），而現在的速克達卻將車架隱藏在外罩之下。它不像一般摩托車有上車架，形式較趨近於背骨式車架，且大多以鋼管製成。此外，大型速克達通常都採用鋁合金壓鑄而成的車架。而小型電動機車的車架，則是採用外形稍稍修正的背骨式車架。

油箱的構造

5

—— 油箱的位置都大同小異嗎？

　　一直以來，摩托車的油箱都位於引擎上部、座墊前方，而除了速克達之外，這樣的位置，至今都沒有太大的變化。因為摩托車的空間有限，要找到其它適當的位置原本不容易，因此自然而然地，座墊前方就成了油箱的專屬位置。然而，有部分摩托車的座墊前方則是「雖然看起來像油箱，事實上並非油箱」。

　　以最近的跑車為例，原本以為那是油箱，其實內部裝置了空氣濾清器，這是為了將進氣通路改為直線式以提高效率所作的特別設計。在空氣濾清器後方，也就是座墊底下，才是真正的油箱所在，這樣的方式，可以將重物集中於車體中心位置，目的在於將重心壓低。

　　搭載 V 型汽缸引擎的摩托車，也較常在原本該是油箱的位置內裝置空氣濾清器。也有的是將原本油箱的位置作為置物箱，可放置安全帽等物品，真正的油箱則當然是在座墊底下。

　　摩托車通常都會設計讓汽油直接從油箱往下流，所以在油箱下方都會設置一個控制汽油流向的放燃油開關，再經由這個開關流向化油器。但是若油箱配置於座墊下方，則勢必需要追加一個可傳送汽油的汽油幫浦。對於化油器摩托車而言，這會成為一個不必要的負擔，但若能進化為原本就需要汽油幫浦的噴射引擎，這項問題自然就迎刃而解了。

與進氣系統同居的油箱

空氣濾清器

油箱

噴射器

汽油幫浦

照片提供：YAMAHA發動機

雖然看起來像油箱，但其實只是油箱形狀的外殼。不只跑車，其它類型的摩托車也開始採用這種設計。

放燃油開關的構造

放燃油開關有「ON」「OFF」「RES」三個選項。RES是「Reserve」的縮寫，也就是「預備」的意思，在ON和在RES時的汽油取入口高度有所不同。雖說是「預備槽」，但其實並非專用槽。放燃油開關的前端會深入油箱中，當開關為ON時，汽油會從長管流下，而汽油愈來愈少，降到某水位以下時，放燃油開關就會自動切換到RES，汽油開始從短管流下，使剩下的汽油也不致浪費。

整流罩的功能

── 把風變成幫手的整流罩

6

　　迎風奔馳是駕馭摩托車才能擁有的樂趣。然而，悠哉地兜風當然很棒，但若是行駛在高速公路上可就另當別論了。昨天還溫柔體貼的風，今天卻成了煩惱來源。就因為如此，免不了要高速行駛的巡航車種，為了要保護騎士免於強風干擾，必定會配備整流罩。

　　整流罩所帶來的擋風效果相當不錯，風切聲可以大幅減低，也不需要擔心安全帽被吹飛，或衣服被風吹得啪答啪答響，遇到下毛毛雨的時候，甚至可以多少代替雨傘的功能。除了常見的全整流罩外，也有的整流罩是只環繞在頭燈周圍。不論是哪一種，不可否認的是，整流罩的有無，將會大大影響騎乘摩托車時的舒適性。

　　整流罩的另一個功能就是達到空氣力學的效果。相對於巡航車種的整流罩主要是為了提高舒適性，跑車則是要利用整流罩讓風從阻力轉變成幫手，進而提高加速性能。

　　跑車整流罩的擋風鏡部分較低，整體而言比較小巧。重視高速性能的旅跑車通常也會採用較小型的整流罩。最高時速可到300公里的某些超高速美式嘻皮車也當然如此。將擋風面積極小化並減少空氣阻力，就和提升引擎性能一樣重要。

　　不過，擋風鏡較低會使騎士承受過強的風力，因此，騎士必須趴在油箱上以迴避風力。也就因為這樣，通常跑車的油箱前方會設計的低一些，以方便頭戴安全帽的騎士趴臥。

跑車的整流罩

照片提供：本田技研工業

擋風鏡

整流罩

日本人較不熟悉的超高速美式嬉皮車，即便是擋風鏡的形狀設計，都會大大影響空氣力學的效果。

利用風來減少空氣阻力

空氣阻力是以高於速度平方的比例增加的，因此在高速行駛時，阻力絕對會大幅上升。雖然物理法則幫不上什麼忙，但若是能提高空氣力學的效果，即可降低高速行駛時的空氣阻力。因此整流罩的設計就是為了減少不必要的阻力，成為摩托車能夠巧妙控制風力的工具。不僅是降低阻力，整流罩還有一項重要功能，就是可以抑制摩托車前方產生的上推氣流，藉以提高摩托車在高速過彎時的操縱性及穩定。

坐墊
― 坐墊也是操縱摩托車的必要裝置之一

7

　　靠在厚實的坐墊上，把腳放到腳踏板上，這種美式嘻皮車或是大型速克達所提供的舒適騎乘風格，當然也算是摩托車的樂趣之一。但如果只把坐墊及腳踏板當做這樣的工具，就稍嫌膚淺了。坐墊及腳踏板可不僅僅是讓身體和雙腳放鬆的設備。

　　雖然摩托車的坐墊形狀是各式各樣，但基本設計則大同小異。外觀是把金屬或樹脂製的坐墊座（底板）上，裝上乙聚氨酯成型的緩衝材，最後再以聚氯乙烯或尼龍等作爲表皮包覆。緩衝材正如其名，是用來吸收衝擊或振動，因此愈注重舒適性的摩托車，其坐墊會愈厚。但是也不能像沙發一樣柔軟，必須要軟硬適中，並扎實地撐住腰部才行。表皮材質也不宜太滑或太澀等，這些都是較繁瑣卻又馬虎不得的細節。

　　從前，不論哪一種摩托車，都使用同一種坐墊，後來才漸漸發展出因應摩托車類型而設計的各種坐墊。例如跑車的坐墊，因爲跑得快是最大的目的，因此坐墊會設計得盡可能地薄，以符合跑車的駕馭；越野車種，必須要纖細俐落且平坦的坐墊；美式嘻皮車則是需要能提高舒適性的厚實坐墊；而全方位性格的美式嘻皮車，則必須在跑車和長途行駛這兩項需求之間取得完美的平衡。

跑車座墊

後座

坐墊

座墊的厚度或形狀，可以展現摩托車的性格。跑車所採用的坐墊是非常非常薄的。

著地性不好的坐墊

對於個子比較小的騎士而言，著地性可是個大問題。只能在「腳尖前端勉強著地」的狀態下停車，會讓人連等個紅綠燈都不安心。當然坐墊過高是讓著地性變差的最主要因素，但和坐墊以及摩托車本身的設計幅度也大有關連。即使坐墊稍高，但若是寬度不要太大，就能使跨下的空間增加。因此若是可以將位於大腿內側的坐墊形狀稍微削薄，即可使雙腳更容易著地。此外，懸架裝置的配置也可以降低車高，有的摩托車就有推出相同車種但不同車高的樣式以供騎士選擇。

蓄電池的功能
—— 蓄電池的存在只是爲了要啓動馬達？

從電燈到點火系統、啓動引擎用的啓動馬達，和近期的燃油噴射系統等，摩托車處處都得用到電。雖然說摩托車是靠汽油才能前進，但若是沒有電，則連動都別想動了。而能供給如此重要的電的，就非發電機及蓄電池莫屬了。

蓄電池是電池的一種，但和拋棄式的乾電池不一樣，它可以透過充電而反覆使用。這種電池又稱作二次電池，摩托車則是使用鉛蓄電池，它的功能就是提供電力給各個系統，當然其中最重要的，就是讓啓動馬達轉動。

要讓啓動馬達轉動，需要非常大的電流，因此，若蓄電池的電力不足，引擎是無法發動的。但是因爲需要用到電的部分非常多，如果不採取任何措施，電力一定會愈來愈少。爲了要讓電力預先儲存，就必須常用發電機充電。而雖然印象中電池要到快沒電的時候才能充電，但摩托車的蓄電池則不需要擔心此問題。

頭燈等所使用的電力，除了一小部分外，其餘基本上都是由發電機供應。因此，蓄電池可以說是專門爲了發動引擎而預先儲存電力的裝置。不過當發電機無法供應足夠電力時，蓄電池就會出來幫忙。除此之外，發電機是透過引擎的力量才得以轉動，因此，當引擎停止時，所有的電力需求也得由蓄電池提供。

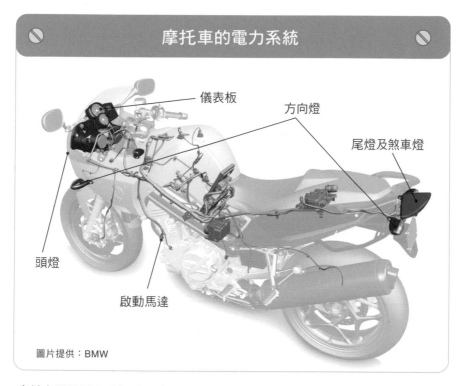

摩托車的電力系統

儀表板

方向燈

尾燈及煞車燈

頭燈

啟動馬達

圖片提供：BMW

摩托車開始採用噴射系統或ABS等，並漸漸地往電子控制發展，這也使得蓄電池和發電機的責任更為重大。

Motorcycle

蓄電池液減少的原因

蓄電池液會在充電時（特別是充過量的時候），因為電氣分解而釋放水和氧，再經過自然蒸發而漸漸減少。若置之不理，一段時間後，蓄電池液會不足而造成電極板外露。這不僅會使蓄電池壽命縮短，嚴重時還可能導致爆炸。因此，通常蓄電池都必須要補充蓄電池液（蒸餾水）。而最近漸漸成為主流的免保養（Maintenance Free）蓄電池，可以重新吸收水分與氧氣轉換為水，使蓄電池液的減少趨緩，也大幅減輕了保養工作。

蓄電池的構造
—— 藉由硫酸和鉛交互反應來放電、充電

9

　　現在愈來愈多蓄電池沒有辦法輕易就看到內部構造，因而在此針對蓄電池來說明。蓄電池的內部有六個分格，以鉛蓄電池來說，它的電動勢僅約2V，因此若要產生12V，則需要六個互相串連，就如同直列的乾電池般。因此雖然外觀看起來只有一個電池，但實際上則存在著兩個以上的電池。

　　鉛蓄電池是利用兩個電極板和電解液之間產生的化學作用來進行充電及放電。正極是過氧化鉛，負極是鉛（海綿狀鉛），電解液則使用稀釋硫酸。其化學作用的反應方式，是先由過氧化鉛或鉛和硫酸反應，使正負兩極板都產生硫酸鉛，此時會因為電子作用而開始放電。硫酸中的水分與過氧化鉛中的氧氣又會結合生成水。當水中硫酸含量漸漸降低使電解液變淡，比重也隨之下降。這就是為什麼可以從電解液的比重來確認電池的電量（完全充電時比重為1.280）的緣故。而變稀的電解液有可能會因為天氣太冷而結凍。

　　和上述情況相反的反應方式即為充電。當電力流至蓄電池時，硫酸鉛和鉛反應產生過氧化鉛及硫酸，使蓄電池還原到原本的狀態。蓄電池就是不斷重覆這些動作進行充電與放電。雖然說蓄電池可以因為充電而回到原本的狀態，但其實和原本的狀態仍有些微差距。例如，硫酸鉛會隨著使用時間愈長愈難分解，使得覆蓋在電極板上的面積變小，有效使用的範圍也不如原本寬闊。如此一來，會造成電力無法流通，蓄電池的容量就會漸漸變小。這樣的狀態持續下去，就算電壓正常，可能也無法再使啟動馬達轉動，蓄電池也就正式壽終正寢了。

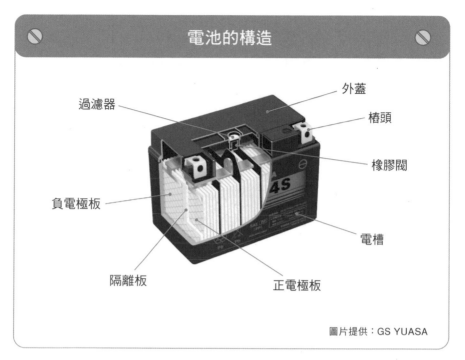

電池的構造

過濾器

外蓋

椿頭

橡膠閥

負電極板

4S

電槽

隔離板

正電極板

圖片提供：GS YUASA

引擎長時間不運轉就會有問題，蓄電池也一樣。要維持蓄電池的良好狀態，就得適度地使用。

蓄電池會自行放電

就像水會蒸發一樣，蓄電池也會默默地、一點一點地緩緩放電。這稱為自我放電。立即充電當然不會有任何問題，但若任由其自行放電，則會使電極板上堆積硫酸鉛的結晶物，造成電池性能低落。另外還有一種情況，是一次大量放電（過放電）。在這種狀況下，會產生大量的硫酸鉛，導致就算充電也無法還原狀態的情形。所以，即使是新品，若惡性放電，也會使蓄電池報銷。

發電機的構造
── 利用引擎來製造電力的發電機

⑩

發電機是利用線圈和磁石以產生電力,構造雖近似馬達,但它們產生電的方式則正好相反。馬達是將電力流到線圈以產生轉動力,發電機則是利用線圈及磁石旋轉,再由線圈產生電力。

摩托車所使用的發電機,是屬於能夠製造交流電的發電機,因此又稱作交流發電機或AC發電機。由於摩托車本身必須使用直流電,因此一度被認為只要直接用直流發電即可,因而曾經採用稱作DC發電機的直流發電機。然而,終究還是被體積小、構造簡單,且發電效率又高的交流發電機所取代。

通常,發電機都裝置在曲軸箱旁。這樣的配置,能夠將發電線圈固定在曲軸箱旁,使外側裝有磁石的飛輪旋轉,最後透過電磁感應來發電。還有另一種形式,是可以裝置在汽缸後方的發電機,常用於並列式複數汽缸的摩托車。

不管是使用哪一種方式,交流發電機所製造出的電力是無法直接被摩托車使用的。必須先經由整流器將交流電轉換為直流電,再由穩壓器控制電壓不致過高,以防止過充電。摩托車通常會採用整流和穩壓兩種功能合一的整流調節器。

曲軸箱旁的發電機

引擎右下方的外殼內，就是發電機。發電機是利用曲軸的迴轉發電。

發電機

照片提供：BMW

無蓄電池式摩托車

摩托車可不是非得配備蓄電池不可。越野車型的摩托車就把蓄電池從電裝系統中移除。小型摩托車即使沒有蓄電池，也可以透過腳踩發動引擎。這是因為點火系統並不依賴蓄電池，即使沒有蓄電池，摩托車也可以靠著發電機的電力發動。然而，單靠發電機仍無法補足所有蓄電池的功能，因此無蓄電池的摩托車通常會採用功能如同小型蓄電池的電容器。

頭燈
— 爲什麼鹵素燈那麼亮？

雖然現在的頭燈都已經夠亮了，但在鹵素燈登場之前，可是經歷了一大段漫長的黑暗時期。不論是外型多亮麗的跑車，如果在雨天，連路上的白線或路肩都沒辦法照得清楚，那氣勢可就減弱了不少。

從前的頭燈是使用普通的電燈泡，僅比煞車燈大一些的黃燈，當然不可能將周圍照得明亮。但是當鹵素燈出現後，情況有了重大轉變。摩托車的頭燈戲劇性地變得明亮，終結了長期以來的「黑暗時代」。一直到現在，鹵素燈也仍是主流選擇。

電燈泡是利用將電力傳送到燈絲產生熱而發光。而燈絲所使用的金屬，會因爲蒸發（昇華）而減少，且蒸發的金屬會附著於內部的玻璃面上。也因爲如此，電燈泡不但壽命較短，且使用愈久會因爲內部附著黑色髒汙而愈來愈暗。

鹵素燈則是將鹵素氣體注入燈泡內，雖然鹵素燈的燈絲仍會蒸發，但蒸發後的金屬會再度與鹵素氣體結合，並再次凝固於燈絲上（稱爲鹵素再生），使得燈絲的壽命更長，燈泡內部也不會產生髒汙影響照明。此外，因爲鹵素燈泡的燈絲較不容易斷裂，可以使耐熱性更爲提高，亮度也能優於一般電燈泡。

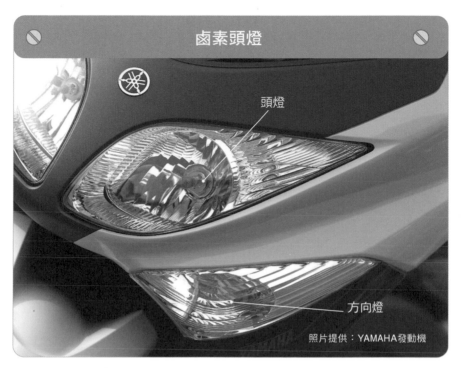

卤素頭燈

頭燈

方向燈

照片提供：YAMAHA發動機

摩托車的頭燈必須比汽車頭燈承受更多振動，因此摩托車用的頭燈對於提高耐震性可是下了很大的工夫。

優點道不盡的LED燈泡

最近許多方向燈或尾燈都開始使用LED燈泡。LED又稱為發光二極體，擁有省電、低散熱、壽命長、高輝度、適用於指示標誌及應答性好等特長，是既省電、亮度佳，又不會接觸不良的燈泡。不僅如此，組裝數個LED並沒有太多設計上的限制，運用在頭燈上，則是一個嶄新的突破。目前，汽車頭燈已經大幅採用LED燈泡，不久的將來，LED頭燈的摩托車必然會問世。

氣體放電式燈泡的構造
— 不需要燈絲的氣體放電式燈泡

(12)

　　說到亮度極高的燈泡，應該就會想到最近備受矚目的氣體放電式燈泡。光聽名字，好像會覺得是使用特別的尖端技術所製成的燈泡，其實它的原理和螢光燈或水銀燈一樣，是運用傳統技術所製成的產物。氣體放電式燈泡又可以稱為HID燈泡或氙氣燈泡。

　　氣體放電式燈泡（Discharge lamp）如同其名，是利用放電現象發光，因此它不像鹵素燈泡一樣使用燈絲，取而代之的，是在燈泡內填充入高壓的氙氣，再於電極間加以高壓啟動燈光（放電）。它的光線就如同太陽光般明亮，消費電力約為鹵素燈泡的三分之二，但亮度卻是鹵素燈泡的三倍，可說是既省電又高亮度的產品。不僅如此，氣體放電式燈泡因為沒有使用燈絲，所以壽命也當然更長。

　　看似完美無缺的氣體放電式燈泡，仍存在著一些缺點。例如，剛開燈時亮度較弱，需要花一些時間亮度才能達到安定，因此較不適合用於通行燈；此外，點燈（啟動）時需使用2萬伏特的電壓，因此必須要有專用的點燈器，和鹵素燈泡相比，構造理所當然比較複雜，成本也會跟著提高。對於空間有限的摩托車而言，要找到一個適合裝置點燈器的空間，可不是容易克服的問題。

氣體放電式燈泡（HID燈）

投影器用燈泡　　反射鏡用燈泡

照片提供：BOSCH IN JAPAN

還尚未被摩托車普遍運用的氣體放電式燈泡，它的亮度可不是鹵素燈泡所能比擬的。

頭燈並非愈亮愈好

氣體放電式燈泡雖然可以把前方道路照得非常明亮，但是因為它的光線分布較鮮明，容易使得前方與周圍的明暗度差異過大。這會使眼睛更難看到暗處的東西，因此若使用此種頭燈，必須要更加提高警覺。此外，因為摩托車本身姿勢的變化較大，使得光軸容易上下移動，這種狀況常常造成周圍的駕駛非常大的困擾，例如在有坡度的道路上停紅綠燈時，因為不能任意關燈，使得對向車直接受強烈燈光照射等問題。雖然亮度高有一定的魅力，但也不全然都是好事。

頭燈的形狀

⑬ —不同的設計也會使亮度產生差異？

　　光靠鹵素燈泡單體是無法使鹵素燈座發生效果，還必須透過反射鏡及透鏡，才能使頭燈光源投射到正確的方向及範圍。對頭燈而言，重要的不只是光源，光線分配的好壞，也會大大地影響亮度。

　　一直以來，頭燈都是由燈泡、反射鏡以及透鏡所組成。光會先在拋物線狀的反射鏡上反射，再到前方的透鏡進行調整光線配置。而光之所以呈現霧狀，則是因為在透鏡上切割花紋使光線折射及散射。

　　而最近，在透鏡上幾乎沒有切割花紋的多重返射鏡式車燈，開始運用在摩托車上。多重返射鏡式車燈是由許多小的反射鏡構成，僅需透過反射鏡即可控制光線配置。鹵素燈和氣體放電式燈座皆可使用此方式，透過縝密的計算、反射鏡，和沒有多餘花紋的透鏡，可以得到更明亮的光源。此外，因為透鏡的形狀不再受到限制，因此設計感也能大大提升。

　　另外還有部分的摩托車，採用了展現獨特品味的投影式燈座。這種方式是運用投影機的原理，利用燈泡前方的凸透鏡控制光線配置，它最大的優點是體積小且光線不容易擴散。但也因為光線散射較少，所以感覺會比較暗一些。

多重反射鏡式頭燈

照片提供：YAMAHA發動機

燈座

反射鏡

透鏡

多重反射鏡式的頭燈，搭配數個小型光源的LED，就可以造就一個前所未見的全新設計。

Motorcycle

照近不照遠的頭燈

在原始設計裡，遠燈適用於行駛，近燈則用於會車。但漸漸地，行駛時也大多採用近燈。然而，法規中說明「近燈的視線範圍僅有40公尺」，由此可知近燈能夠照到的範圍是有限的。而當我們在駕駛時，並不會注意到這件事，我們只會專心注意我們看得到的範圍，若當我們看到前方有障礙物，那就表示我們與障礙物的距離只剩下不到40公尺。如果周圍還有其他照明還算好，但若是有穿著深色衣服的路人經過，即使我們看見，通常也已經來不及了。當沒有對向來車時，還是使用遠燈會比較好。

方向把手及儀表板周邊

— 頭燈或儀表板是行駛時的阻礙？

　　時速儀表板、點火開關，還有控制方向燈等燈類的開關，在方向把手周圍設置了許多機器及開關。若是大型巡航車或大型速克達，還可能會有音響配備等電子設備。除此之外，頭燈、方向燈、煞車、離合器、後視鏡等裝備，可都增加了不少重量。

　　方向把手周邊如果太重，會大大影響摩托車的操縱性。因此有些裝有整流罩的摩托車，會把頭燈或儀表板裝置在整流罩上，因為整流罩是裝置在車架上的，因此重量稍重一些，也不易影響操縱。

　　然而，對於沒有使用整流罩的摩托車而言，就少了這樣的變通方式。不論是頭燈或是儀表板，都必須跟著方向把手同步移動，這對操縱性有絕對的影響。也就因為這樣，有的摩托車會費心思將這些零件裝置在從車架延伸出來的支架上。

　　方向把手的重量，特別對於追求輕量與操縱性的越野車而言，是重大問題。這種類型的車，絕對不可能有整流罩，再加上頭燈和儀表板又只能裝在方向把手旁，所以，為了減輕重量，不僅頭燈要採用較小型的樣式，儀表板類的零件也只能盡可能採取簡單且輕量的形式。

第5章

腳周邊的構造

引擎所產生的動力最終得以傳到地面，最重要的關鍵就是輪胎。

在此章節中，將介紹讓輪胎與地面接觸的懸架裝置，

和摩托車最重要的零件之一的煞車。

照片提供：SUZUKI

在道路上行駛的摩托車所不可或缺的煞車。碟剎的散熱性高，排水性也比較好。
照片中是SUZUKI「GSR400 ABS」的前輪碟剎。

轉向系統的機械構造
― 為什麼前叉都斜斜的？

①

有別於只要轉動方向盤即可轉彎的汽車，摩托車必須靠傾斜車體才能夠轉彎。話雖如此，仍需要能使方向改變的前輪。而改變前輪方向的轉向系統，通常都採取前叉式。

前叉式轉向系統是由前叉同時扮演支撐前輪及操縱方向的角色，和自行車一樣，靠著左右移動前叉來改變前輪方向。前叉是以貫穿手把的轉向軸為軸心，以弧形的方向轉動，這個迴轉運動的中心軸，也稱作「操舵軸」。

在此，最值得注意的是前叉的設計。前叉彷彿是為了要讓腳能有地方伸展，而呈現向後斜的狀態。這是因為轉向軸向後傾倒，才使前叉呈傾斜狀態。傾斜的狀態會大幅影響摩托車的操縱性。轉向軸傾倒的程度，其角度（與路面的垂直線的相對角度）稱為「後傾角」。而轉向軸的中心軸延長線與路面的接點，和前輪接地點之間的距離，則稱為「曳距」。

一般而言，後傾角大且曳距長的摩托車，直行前進的穩定性較高，操縱感也較穩重。相反地，後傾角小且曳距短的摩托車，其操控性好，對方向把手操作的反應相當敏感。因此，擅長行走的巡航車，通常前叉傾倒的角度都比較大；而重視過彎的跑車，前叉則幾乎與地面呈現垂直狀態。

後傾角與曳距長度的差異

後傾角大

曳距長

後傾角大,直行前進的穩定性就會較高。此外,前輪中心與前叉之間的關係,也會影響到直行前進的穩定性。

照片提供:
HARLEY DAVIDSON JAPAN

後傾角小

曳距短

Motorcycle

前輪前進並非由於推力,而是拉力

摩托車是利用後輪與地面的反作用力前進的。反作用力透過後懸架裝置的搖臂傳送到車架,再將整個車體往前推。經由前叉與車體結合的前輪,所受的並非是「推力」,而是「拉力」。這是因為前輪的轉向軸(方向把手迴轉的中心)在前輪接地點前方的緣故,後輪推動車架的力量,經過方向把手後才傳到前叉,使前輪得以被前方的力量拉著向前。

摩托車的運轉
─ 需要騎士充分運用身體的運動

你是否曾經見過交通警察練車時的華麗操縱（日本的交通機動隊及皇宮護衛隊皆以大型重型機車為交通工具執行任務），快速並有節奏地通過障礙及8字形跑道。看到擁有職業級技巧的警察，你可能會認為「拿什麼跟他們比！」然而在這個單元，希望你把焦點放在他們幾乎可以用誇張來形容的動作。

當要使摩托車急速轉彎時，他們會如同滑雪選手般，將身體大幅度地左右傾斜以改變方向。警察的摩托車因為裝有引擎保護桿，使得過彎傾角有所限制，因此會利用身體動作產生可對抗離心力的向內傾斜。看到那樣激烈的身體動作，更可以實際感受到騎乘摩托車確實是一種運動。

我們平日在騎摩托車時，雖然不需像交通警察隊那麼誇張，但仍是使用全身操作。當要進彎時，將重心稍微往內側移動，改變摩托車的平衡，使摩托車的傾斜角度與離心力恰好對稱以過彎。

同樣是兩輪車的自行車則並不需要太大的身體動作即可轉彎，這是因為人的體重遠重於自行車的關係；然而，當人得控制重量比自己重得多的摩托車時，就必須用更大的動作來輔助。如果遇到轉彎幅度太大，或本身速度太快時，就必須更積極地利用身體移動來改變重心，結果就是我們所看到交通警察的練車狀況了。

利用內傾過彎的交通警察

引擎保護桿

照片提供：ATLAS-WEB.COM
http://www.atlas-web.com

警察所駕駛的摩托車因為裝有引擎保護桿，使得過彎傾角會比較小。因此，過彎時會利用誇張的肢體動作向內傾斜。

Motorcycle

何謂內傾斜？

過彎時，騎士利用身體的移動來控制摩托車。如果騎士的身體向轉彎內側大幅度地傾斜，那摩托車本身不需要太過傾斜即可過彎。這種過彎方式就稱為「內傾斜」；而過彎同時，將屁股的重心往摩托車的內側移動，稱為「側掛」；與之相反，摩托車傾斜幅度大於騎士的，則稱為「外傾斜」；騎士與摩托車保持在同一直線上輕斜過彎，也是最基本的過彎方式，稱為「同傾」。

　　汽車要靠轉動方向盤以改變行進方向，而摩托車則不然，必須靠傾斜車體以過彎。但不論是汽車或摩托車，都必須靠改變前輪方向才得以決定前進的方向，兩者差別只在於，汽車是由方向盤「直接」影響前輪方向，而摩托車則是藉由騎士將車體傾斜，以「間接」改變前輪方向。

　　摩托車之所以能這樣做，是因為它擁有「自我轉向功能」。自我轉向功能指的是當車體傾斜時，方向把手就會自然轉動的功能；當摩托車以側支撐架站立時，方向把手會自然轉向傾斜，這也是自我轉向功能的作用。其實摩托車在過彎時，原本就會為了抵抗離心力而必須傾斜車體，於此同時，方向把手會自然跟著轉動，因此可說是非常符合摩托車本身需求的構造。

　　當摩托車傾斜，方向把手轉向，會先使前輪方向改變，接著前後輪產生外傾角推力，得以過彎前進。硬幣旋轉時會轉向其傾斜的方向，此時硬幣所產生的橫向作用力即為外傾角推力。而傾斜的輪胎，也會產生與之相同的作用力。

　　傾角小，摩托車可以僅利用外傾角推力即過彎。然而，當傾角變大，僅靠外傾角推力無法對抗離心力，輪胎就會產生轉向力來協助平衡。轉向力是輪胎受擠壓彎曲時所產生的橫向作用力，和汽車轉彎時所使用的作用力相同。

過彎時產生的作用力

傾角
離心力
重心
重力

照片提供：BMW

輪胎的斷面如果不是圓形的話，那摩托車只要稍稍傾斜，輪胎就只有邊緣的部分可以接觸到地面了。

Motorcycle

爲什麼輪胎的斷面是圓形的？

當輪胎傾斜時，會產生外傾推力（Camber Thrust）。如果像汽車輪胎一樣，斷面屬於有角度的，那當輪胎傾斜時，輪胎與地面接觸部位的形狀則會產生變化，接地面積也會大幅減少，造成抓地力降低的缺陷。因此，為了克服即使輪胎傾斜也不致減少與地面接觸面積的問題，摩托車的輪胎特地設計成圓形斷面。不僅如此，當輪胎斷面為圓形時，輪胎傾斜時與地面接觸部分的外圓周會相對較短。這就如同滾動倒下的紙杯，當輪胎的外圓周較短，會朝向傾斜方向滾動。這樣的特性，也相當利於輪胎產生外傾推力。

摩托車的行走特性❷

④ ── 為什麼摩托車前進時不會往旁邊倒下呢？

　　如果什麼都不做的話，一定會跌倒！ 剛學習騎自行車的小朋友，肯定滿腦子都是這個想法。因此，忍不住不斷地將方向把手一點一點地轉動，拚了命要維持平衡。但是，只要習慣了之後，即使不那樣做，自行車也會直線前進。

　　就算不用不斷地轉動方向把手也不會跌倒，是因為自行車擁有可以自行維持直線行進狀態的功能。摩托車也是，只要騎士不要胡亂地轉動方向把手，摩托車自然能在安定的狀況下直線前進。這其實與過彎時所運用的自我轉向功能有關。

　　舉例來說，在行進中車體左傾的情況下，我們會想要伸腳支撐。同樣的道理，摩托車會利用其自我轉向功能，將方向把手稍稍左轉以取得平衡。但是因為摩托車仍必須繼續前進，因此在下一個瞬間會產生將車體扶起的力量，而自然回復到直線前進狀態。行進間的摩托車就是不斷重複這樣的動作。

　　看到這裡，彷彿摩托車總是以蛇行的方式前進。其實，剛起步就以低速行走的摩托車，確實就是搖搖晃晃如蛇形般前進；加速後，這些微小的動作就會被忽略。但事實上，摩托車本身在行進的同時，從未曾停止左右轉動。而如果無人操控，摩托車絕對無法在不傾倒的情況下前進，因此，騎士的操作也絕對是必要的。不論是有意或是不經意的，騎士會透過不斷地移動重心，來幫助摩托車直線前進。

車體傾倒時方向把手會自然轉向

照片提供：BMW

這是當摩托車以側支撐架站立時的狀態。可以清楚了解，以側支撐架站立時，摩托車會向左傾斜，而方向把手也會自然向左轉向。照片是BMW「R1150 GS SE」。

摩托車的方向會隨著視線改變

才發現前面有空罐子突然掉下來，不知為何就已經把空罐子輾過去了……騎摩托車時是否經常發生這樣的狀況？這是因為摩托車有「跟著視線走」的特性，如果眼睛盯著某樣東西，就會彷彿被它牽引而往那個方向前進。就像在駕訓班時，教練會告訴你過獨木橋時要看遠方，或過彎時要看著彎道出口，都是這個道理。雖然摩托車能夠不斷前進，但仍會被瑣碎的事擾亂前進的路線，或是被騎士無意識的舉動所控制。

懸架裝置的功能
── 是爲了騎乘更舒適？

5

　　眾所皆知，懸架裝置的功能，是爲了讓騎乘更加舒適。雖然騎乘摩托車的舒適性一直都不是個值得討論的話題，但若摩托車沒有懸架裝置會變成怎樣呢？車體將慘遭凹凸不平地面所帶來的振動干擾，根本就沒有辦法好好騎。如果路中間出現很大的落差，甚至得承受可能讓騎士震落的衝擊，姑且不論舒適與否，還可能發生威脅到人身安全的危險。

　　而使用懸架裝置，就是爲了避免大大小小的衝擊傳到摩托車本體及騎士身上。不過，懸架裝置的功能可不只這樣。懸架裝置對於摩托車「行走、轉彎、停止」等功能，都是不可或缺的機械構造，這是因爲懸架裝置扮演著讓輪胎與地面接觸的重要功能。

　　沒有懸架裝置而走在凹凸不平路面的摩托車，其輪胎就如同把球丟在下坡的路上滾動，球會隨著地面的凹凸而彈跳。就像是才剛學滑雪的人，卻在充滿雪墩的斜坡上狂奔的狀況一樣，輪胎會不停地跳離地面，使輪胎失去抓地能力，增加控制摩托車的難度。

　　因此，雪墩滑雪的選手會利用膝蓋確保腳與地面接觸，即使是凹凸不平的斜坡，也能有技巧地跑完賽道。摩托車也是如此，利用懸架裝置可使輪胎貼住地面。這對摩托車而言，是非常重要的功能，特別是現在對性能的高度重視，懸架裝置已經不只是保障舒適性的構造，更是提高輪胎抓地力的重要夥伴。

註：「懸架」用於汽車則稱爲「懸吊」。

照片提供：本田技研工業

防止過大起伏與強力
衝擊的懸架裝置

在起伏強烈的非公路上行走時，必須要具備能吸收路面的凹凸狀況、強韌，且
行程長的懸架裝置。

爲什麼懸架裝置要稱作「懸架」？

所謂「懸架」，就是吊掛支撐的意思，它是由從前的馬車演變而來的。
以前的馬車或貨車，因為其輪胎是木製的，當行走於顛簸不平的道路
上，對乘客而言是相當不舒服的。後來，為了減少搖晃及振動，人們開
始試著將車廂用繩子或鎖鏈騰空懸吊。這就是懸架裝置最初的起源，也
就是所以命名為懸架裝置的原因。

懸架裝置的構造
—— 基本上是由彈簧線圈及減震器所組成

即使在平整的道路上行駛，路面其實仍比想像中得還要凹凸不平。從行進間摩托車的側面看，就可以發現車輪不斷地輕微跳動。懸架裝置的功能就是吸收這樣的車輪振動，而讓懸架裝置可以專心致力於伸縮的，則是彈簧線圈的功用。

構成懸架裝置的彈簧，在停止時，會因為摩托車和騎士的重量而呈現收縮狀態；而在行進間則會與車輪連動伸縮。當車輪行經地面突起的部分時，彈簧線圈會收縮以吸收車輪的轉動力，而當車輪通過地面突起的部分後，彈簧線圈又會配合車輪的動作伸長。而彈簧收縮時所蓄積的能量，則會在它伸長時，用來將輪胎下壓以避免與路面分離。

懸架裝置就是這樣運用彈簧線圈，配合路面的凹凸狀況改變長度。而其中令人困擾的是，彈簧線圈一旦開始伸縮就無法立刻停止的特性。收縮到極限的彈簧線圈一旦伸長，其伸展後的長度就會比它原本應有的長度更長，當伸長到極限時，又會收縮回原始的狀態。

如果這樣任由彈簧線圈自行收縮，那摩托車就會不斷地搖晃，輪胎也會不停地與地面分離，造成困擾或故障。因此，為了可以控制彈簧線圈的伸縮，懸架裝置需要另一個裝置——減震器。

註：「減震器」用於汽車則稱為「避震器」。

懸架裝置是摩托車的腳

後懸架設計

前懸架設計

照片提供：BMW

與方向把手及搖臂相連的懸架裝置，就如同是動物的腳，柔韌地支撐全身。

Motorcycle

不可以任意活動的車輪

車輪會隨著懸架裝置的伸縮上下移動，卻無法前後左右地活動自如。嚴格來説，當懸架裝置伸縮時，車輪會稍稍地前後移動，但仍無法自由的活動。這是因為如果車輪任意轉動，會使摩托車無法正常向前走。因此，固定車輪位置使車輪無法前後左右移動的，也是懸架裝置的功能之一。總歸一句，懸架裝置讓車輪上下移動的同時，還得控制不讓車輪前後左右移動。

減震器是做什麼的？
― 控制彈簧線圈的動作

7

　　減震器會對彈簧線圈的運動產生抵抗力，以避免彈簧反覆過度地伸縮時，產生過於激烈的收縮。減震器的抵抗力又稱為「衰減力」，這個衰減力就如同煞車般的功能，可以抑制彈簧線圈的活動。

　　當衰減力太強時，彈簧線圈無法正常伸縮；相反地，衰減力太弱的話，彈簧線圈則會過度運動，而失去了原本減震器該有的功能。懸架裝置必須擁有即使路面僅有細微變化也能作動，以及遇到緊要關頭，仍然能確實發揮功效的效能。而要達成這些要求，減震器扮演了關鍵的角色。

　　摩托車通常都使用油壓減震器，基本上是由汽缸及活塞所構成，外觀看起來像是舊式的水槍。利用水槍噴水時，用手擠壓推棒所感受到的阻力，是水從小孔噴出時所產生的。減震器也正是利用這種抵抗力，只不過，減震器的汽缸前端並沒有開孔，取而代之是由活塞前端開孔。活塞的前後皆有油，當油進出活塞開孔時，就會產生阻力。

　　減震器的種類有很多，舉凡單筒型、複筒型、正立式或倒立式等，但產生衰減力的原理則都相同。此外，還有使用在前懸架裝置的伸縮式前叉，也都是用一樣的原理產生衰減力。

減震器的構造

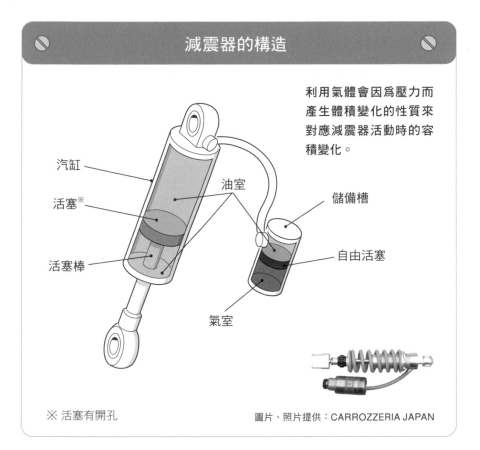

利用氣體會因爲壓力而產生體積變化的性質來對應減震器活動時的容積變化。

汽缸

活塞※

油室

活塞棒

儲備槽

自由活塞

氣室

※ 活塞有開孔

圖片、照片提供：CARROZZERIA JAPAN

減震器內部的氣室是？

活塞的活塞棒會隨著活塞的活動進出汽缸，汽缸內的空間當然也會隨之增減。若汽缸內充滿油，會使活塞棒無法進入，活塞也就會無法正常運作。因此，除了油之外，氣體（空氣和氮氣）也會一起進入汽缸，以吸收其容積的變化。雖然也有單純讓氣體進入的簡單設計，但通常都會採用可以自由移動的自由活塞分離氣室及油室的設計。

前懸架裝置的構造
— 同時具備操控方向功能的前懸架裝置

8

大多數的摩托車都會搭載前後懸架裝置。同為懸架裝置，其基本功能都一樣，但構造卻大有不同。這是因為前輪有操控方向的功能，使得大部分的前懸架裝置也都同時擔任方向操控的角色。

前懸架裝置中最熱門的，是支撐前輪的左右兩隻前叉，它們不但是操縱方向的重要零件，同時因為本身能夠伸縮，因此也必須擔任懸架裝置的重任。這種前叉稱為「伸縮式前叉」。伸縮式前叉的構造，是將一支較細的管子（內管）插入較粗的管子（外管）中，如同望遠鏡般可自由伸縮，因而稱作「伸縮式前叉」。

除了伸縮式前叉之外，商用車和速克達較常採用Bottom Link式（底部連桿式前叉）。Bottom Link式的構造，是在前叉的底端伸出一截小小的連接桿，而以此連接桿支撐車輪。就如同人類的腳掌是以腳踝為中心擺動，底端伸出的連接桿以它本身與前叉的相連處為支點進行擺動，以帶動車輪上下移動。而產生的衝擊力則由小環節上的彈簧和阻尼吸收，它最大的優點是構造簡單且成本低廉，但是這種方式無法得到較大的行程（伸縮量），因此性能上不如預期，所以至今幾乎只有實用車會使用此種前懸架方式。

伸縮式

內管

外管

照片提供：BMW

彈跳式前叉

可吸收衝擊
的彈簧

無法伸縮的前叉

照片提供：HARLEY DAVIDSON JAPAN

伸縮式前叉是現在最熱門的方式。彈跳式前叉則無法像伸縮式前叉一樣自由伸縮。

舊款車型才會出現的各種前懸架裝置

在伸縮式前叉普及之前，前懸架裝置還有GIRDER FORK、EARLS FORK、SPRINGER FORK等各式各樣的類型。它們都和BOTTOM LINK一樣，採用非伸縮的前叉，利用軸臂支撐車輪，彈簧及減震器兩者和前叉則分別獨立。與伸縮式懸架裝置相比，其構造較複雜，重量也更重，強度不足，又不容易活動，因此除了重視趣味性的車型外，至今幾乎不再被採用。

伸縮式懸架裝置的機械構造
— 前叉可伸縮的伸縮式懸架裝置

9

僅靠著兩隻前叉，就必須同時扮演懸架系統和方向操作的伸縮式懸架裝置，是既簡單又符合摩托車構造的懸架配置。因為其量輕、耐久性高、信賴性佳，以及本身設計上的優勢，使得它成為目前所有前懸架裝置的固定配備。

當然，伸縮式懸架裝置也並非萬能，它仍有其無法克服的問題。例如煞車時所造成的前傾現象，或是因為會產生彎曲前叉的作用力，干擾了摩托車行駛時的流暢性等。

伸縮式懸架裝置，一般都是內管在上（車體側），外管在下（車輪側）的直立式構造。兩支內管的上方與車體結合，外管下端支撐車輪。內管內部有彈簧及減震器，外管則裝有煞車。

而跑車等較重視行走性能的機種，則多採用倒立式結構，它與正立式結構的配置，正好上下相反。這種配置方法是為了要抵抗前叉作用力（也就是造成前叉彎曲的力道），而將較粗的外管與車體相連。車輪部分則以內管連接，這可以使懸架裝置活動起來更加輕快。然而，與正立式構造相比，倒立式結構的外管更長，理所當然重量會更重，成本也會提高，因此並不是所有摩托車都適合此種方式。

採用倒立式懸架裝置的摩托車

外管

內管

照片提供：YAMAHA發動機

前輪接觸地面所產生的反作用力，會經過方向把手轉移到車體。而利用外管支撐此部分的方式，就稱為倒立式。

Motorcycle

類似汽車的獨特懸架裝置

雖然伸縮式懸架裝置的優點不計其數，但正因為它同時兼有懸架裝置和操縱方向的功能，使得懸架裝置作動時，難免影響到操縱方向的功能執行。有鑑於此，出現了BMW獨家專屬的Telelever、Duolever，及BIMOTA的Hub Center等懸架裝置。這一類的懸架裝置，就如同汽車用懸架裝置般，懸架裝置與方向操作兩項功能是各自獨立的。它的優點當然是能夠提高操縱性，但因為其構造複雜、成本高加上重量問題，使得只有少數摩托車能夠採用。

後懸架裝置的機械構造

⑩ — 後懸架裝置有單槍及雙槍

　　曾經有一段時期，摩托車僅有前懸架裝置。當時並不採用後懸架系統，取而代之的是支撐車座的彈簧，這個彈簧的功效就如同自行車的構造，僅能使駕駛避免受到衝擊力。而之所以能夠忍受那樣的狀況，是因為即使沒有後懸架構造，也足以應付當時的摩托車行走性能。

　　後懸架裝置並不需要兼作方向操縱之責，因此其構造比前懸架裝置更為單純。起初，人們利用在車軸上下分別裝上彈簧以作為後懸架裝置；而現在，最普遍的方式，則是從車架延伸出支撐車輪的搖臂式後懸架裝置。例如速克達所採用，稱為「整體搖臂式懸架裝置」，是將引擎及行駛系統整合一體轉動。

　　搖臂是以與車架相連的前端（樞軸）為中心軸，進行弧型擺動，帶動與後端連結的車輪上下移動，而控制其動作的就是懸架裝置（彈簧及減震器）。以前較常採用在後輪左右兩側皆配有懸架裝置的「雙槍式」，接著陸續出現僅有一支懸架裝置的「單槍式」，及增加一連桿結構與懸架裝置相連的「連桿單槍式」等類型，目前則以連桿單槍式較為普遍。美式嘻皮車因較重視外型風格，常常會採用雙槍式後懸架裝置。但這種懸架裝置令人懷念的也僅剩其外觀設計，隨著搖臂的高剛性化及減震器的高性能化，懸架裝置本身的性能皆已大幅進化。

摩托車的後懸架裝置（連桿單槍式）

搖臂

懸架裝置

連桿

照片提供：YAMAHA發動機

連桿單槍式的連桿配置相當重要，會因為行程位置不同，使懸架裝置的性能受影響。

加速時後懸架裝置會伸長？

當轉動油門，摩托車似乎會重心向後沉以加速……這是我們騎車時的感覺。但事實上，加速時的後懸架裝置是伸長的，藉由摩托車的後輪與路面的反作用力，使摩托車前進。加速時的部分力量會將搖臂向下壓，進而使後懸架裝置伸長。這其實就是抗後沉力的功效，可以減少因為重心導致的後沉，並使輪胎可對抗路面的作用。而加速時所感覺到向後沉的力量，其實就是因為重心移動使前叉伸長的緣故。

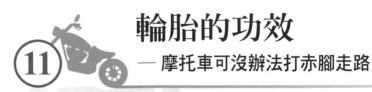

輪胎的功效

—— 摩托車可沒辦法打赤腳走路

⑪

　　要將磨耗的輪胎卸下更換時，我們會說換輪胎，就如同換鞋一樣。然而輪胎的重要性，可不是鞋子可以比擬的。輪胎是摩托車唯一接觸到地面的部分，支撐著摩托車的重量，吸收各種衝擊力道。更重要的，不論摩托車要跑、轉彎或是停下，都必須倚賴輪胎。輪胎不僅是一個橡膠備品，更擔任著摩托車之所以可以為摩托車的重要角色。

　　摩托車能夠加速、煞車或是轉彎，靠的是由輪胎將各種力道傳送到地面所產生的抓地力。觀察行駛中的摩托車，會發現輪胎與地面接觸的中心，不斷地重複壓扁與還原的形狀變化。特別是在加速或減速時，更可以看見輪胎試圖扭曲地面所產生的作用力。此時與地面接觸的胎面，會因為變形而產生略微的滑動。這個小小的滑動會使輪胎產生摩擦力，進而生成讓摩托車前進的力量——抓地力。

　　由此可知，抓地力會與路面的狀況、輪胎（橡膠）的性能等息息相關。此外，輪胎所承受的荷重，如煞車時前輪必須發揮強大的抓地力，也會左右輪胎的抓地力。然而抓地力是有限度的，它會被前後左右的力量所分散。轉彎時如果煞車會造成翻車，就是因為本來要用於橫向（轉彎）的抓地力，被縱向（煞車）所需的力道瓜分而導致。

越野車   街車

照片提供：YAMAHA發動機

輪胎有分街車用及越野車用，越野車爲了要提高在未鋪裝路上行走的抓地力，採取了塊狀胎紋的輪胎。

爲什麼會發生打滑現象？

在積水的路面行駛時，輪胎會推擠地下的水以轉動。如果在高速的狀況下遇到積水，輪胎無法完全地擠壓水，會使摩托車僅能滑過水面，這個就是打滑現象。輪胎的胎面會不斷地反覆與地面相連又分離，當速度愈快，則其與地面接觸的時間就愈短，這就像是用手拍打水面，會因為水本身的黏度使輪胎無法順利接觸地面，使得方向把手及煞車都失去作用，進而釀成災禍。

輪胎的基本構造

⑫ ── 由多到超乎想像的備品組成

　　說到輪胎，大家都知道要把氣灌飽。而輪胎內部，除了骨架及一些補強材等橡膠外，其實還有許多各式各樣的材料。就像是軟軟的蒟蒻也必須要用竹籤串著才撐得起來，輪胎也一樣，如果只有橡膠的話，輪胎就只會軟趴趴的，完全派不上用場。

　　輪胎的骨架是布狀物的胎體層，是由尼龍及多元酯絲等纖維所構成，像簾布般並排，再用橡膠固定以製成。胎體層將兩個胎唇之間完全包覆，並在胎面部位疊上一層又一層的補強材。而在胎唇內會置入帶束層（胎唇鋼線圈），以避免輪胎與輪圈分離。

　　此外，輪胎所使用的橡膠，通常看到的都是黑色橡膠。但其實與路面接觸的胎面、側面的胎壁以及防止漏氣的內襯膠等，會依部位不同而有區別。以胎面的橡膠為例，是由合成橡膠和天然橡膠為基本材料，再加上炭黑、硫黃，以及其他各種藥劑等材料混合而成。因此胎面橡膠又稱為複合物。

　　接著到了實際製造現場，開始將輪胎的骨架、補強材以及橡膠備品等組裝成輪胎的原型，再將這個模型倒入如同製作車輪餅的鐵板內加熱、加壓後，輪胎就正式完成了。而輪胎表面的胎紋及胎壁上的標示，也是利用此模具成形。

輻射層結構的輪胎構造

輪圈

胎唇鋼絲圈

胎體層

內襯膠

皮帶

胎唇

胎壁

胎面

SPORTMAX GPR-200F
120/70ZR17 M/C(58W)

SPORTMAX GPR-200
180/55ZR17 M/C(73W)

照片、圖片提供：Sumitomo Rubber Industries

輪胎的構造與摩托車一樣，有作為支撐的骨架（胎體層），再將各種部品裝置其上。而將輪胎固定在輪圈上的，就是胎唇。

Motorcycle

輪胎也會感冒？

各位是否知道輪胎也有「保存期限」？輪胎如果磨耗到一定程度就得更換。然而，大多數的人都會認為只要還有輪胎胎溝，就不需要擔心，其實不然。用於輪胎的橡膠會隨著使用時間愈長，而產生如橡膠硬化、抓地力不足等劣化反應，日本人稱這種狀況為「輪胎感冒了」。劣化的狀況會因使用方法或保管條件而異，但基本上製造後超過五年就必須經常確認輪胎狀態。若超過十年，即使仍有輪胎胎溝，還是必須更換。

輪胎的種類
⑬ ── 輻射層結構和交叉層結構有什麼差別？

　　即便都是摩托車專用胎，也有各式各樣用途、性能或尺寸的種類。其中，外觀看不出明顯差異，常使人混淆不清的，就是輻射層結構胎與交叉層結構胎。

　　交叉層結構的英文為「BIAS」，也就是斜紋的意思；輻射層結構的英文則為「RADIAL」，放射狀的意思。這兩種結構，都是形容輪胎的骨架，也就是胎體層的紋路。如簾布般的胎體層，以輪胎的中心線為基準，成斜線相交的是交叉層結構；成直角相交的，則為輻射層結構。不管是哪一種方式，「骨架＋橡膠」的基本架構是不變的，差別僅在其骨架的使用方法。

　　交叉層結構使用數個胎體層，相互以相反方向重疊，利用簾布層達到補強效果。因此，其胎體層的紋路會呈現網狀，看起來就像竹簍般交錯。而輻射層結構則僅使用一個或兩個胎體層，紋路都朝向同一方向，也因此會呈現軟趴趴的狀態，因此輻射層結構的輪胎，必須像在桶子外圍套上箍，用環帶作為補強材加強胎面強度。輻射層結構輪胎「胎壁柔軟，胎面剛性強」的特徵，就是來自於它本身的構造設計。

　　輻射層結構輪胎剛性加強的胎面不容易變形，輪胎本身的抓地力也較安定，加上優越的高速耐久性等多數優勢，提升了操控上的安定性。此外，過彎阻力及發熱都減少，更使得耐磨耗性跟著提高。然而，與交叉層結構輪胎相比，製造上手續較繁複，價格相對降不下來，是此種輪胎所遇到的瓶頸。

輻射層結構和交叉層結構的差異

交叉層結構

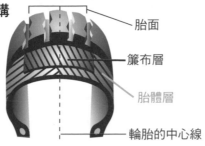

胎面

簾布層

胎體層

輪胎的中心線

雖然看起來輻射層結構與交叉層結構的差異不大，但是其輪胎變形程度及其施力狀況卻有很大差別。

輻射層結構

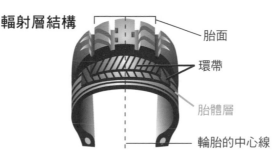

胎面

環帶

胎體層

輪胎的中心線

圖片提供：
Sumitomo Rubber Industries

將輪胎灌入氮氣的優點？

將輪胎灌入氮氣，可以抑制「內壓過低」「溫度所造成的內壓變化」以及「輪胎及輪圈的劣化」等狀況發生。這是因為氮氣比氧氣更不容易穿過橡膠，且氮氣中不含溼氣，因而受溫度的影響較小。此外，少了氧氣及溼氣，也較不易發生生鏽的狀況。一般輪胎製造商也會建議將輪胎灌入氮氣，可想而知必定有一定的效果，但和空氣比起來，氮氣卻非「免費」。因此，到底產生的效果是否有其價值，則有待商榷。如果去請教曾經使用過的人，贊成與反對雙方則可能爭執不休。

煞車的原理
─ 煞車是如何讓摩托車停止的?

　　煞車的作用是讓摩托車速度減低,進而停止,通常以碟式煞車及鼓式煞車較被廣泛使用。而基本上它們都是靠摩擦產生制動力的原理,因此這樣的煞車方式都稱作「摩擦煞車」。

　　先以碟式煞車為例,碟煞是利用來令片磨擦煞車碟盤以產生制動力。碟盤與來令片之間所產生的摩擦力,能夠妨礙與煞車碟盤一體連動的輪圈轉動,同時,輪胎與路面之間又會產生妨礙摩托車前進的阻力。這些力量,都造成摩托車停止的力量,也稱作「制動力」。

　　經過上述說明,可以了解煞車並非直接使摩托車停止。因此,雖說煞車是讓摩托車停止的裝置,但嚴格說起來,應是透過輪圈和輪胎的作用,才得以間接達到制動的效果。假設要直接制動的話,可能得像小朋友騎腳踏車,用鞋底磨擦地面煞車才行了。

　　降低速度,意味著摩托車的運動能量被剝奪了,而被剝奪的能量又到哪去了呢?答案是摩托車的運動能量轉化成煞車的摩擦熱,進而釋放到空氣中了。因此,我們可以說煞車是將運動能量轉換為熱能的裝置。而最近開始有認為將熱能捨棄不用太過浪費的聲浪出現,因而出現了將運動能量轉換為電能再利用的新構造,也就是用於雙動力汽車的再生煞車。

前輪碟煞

照片提供：YAMAHA發動機

來令片

煞車碟盤

煞車本身產生的摩擦力①，及輪胎與地面間產生的摩擦力②。煞車，就是利用這兩種磨擦力讓摩托車停止。

①煞車產生摩擦力　　②輪胎產生摩擦力

Motorcycle

沒有煞車的摩托車？

摩托車若沒有煞車，就無法安全地停車。以安全基準來說，即使是小型的電動摩托車，若沒有裝備煞車也不能在公路上行駛。因此，所有的摩托車都應該要裝備煞車嗎？其實不然。非行駛於一般道路，用於賽車的摩托車就沒有裝備煞車。屬於近身對抗的賽車若使用煞車急速減速非常危險，因此要降低速度唯一的方式，就只能利用引擎煞車。

碟式煞車的構造
── 爲什麼大家都使用碟煞？

(15)

　　第一個使用碟式煞車的量產車，是1969年登場的HONDA「CB750FOUR」。最初是設計用於飛機而開發的碟煞，成了提高摩托車性能不可或缺的裝備。接下來的40年至今，從跑車到小型速克達幾乎都改用碟煞，特別是前煞車配備碟煞可說已成爲定律。

　　碟式煞車的構造相當單純，利用摩擦材也就是碟煞來令片，從兩側夾住與車輪連動迴轉的煞車碟盤，再藉由來令片與煞車碟盤的摩擦，進而產生制動力。將煞車碟盤箍住的是煞車卡鉗，主要功用是讓來令片壓住碟盤。

　　碟式煞車最大的特徵，就是散熱性好。每當煞車時，會因爲摩擦而產生大量熱氣，愈頻繁使用煞車，就會產生愈多熱氣。例如在漫長的下坡路段必須不斷使用煞車控制車速，因此有可能因爲過熱而造成煞車不靈。而碟煞暴露在外部的構造設計，也非常利於散熱，大幅降低了熱氣對煞車造成的影響。

　　因爲碟煞暴露在外部，所以容易被雨淋溼，然而，也因爲附著在碟盤上的水分會受離心力作用而被甩出，使得排水性佳，也不至於對煞車的制動力造成影響。此外，容易操縱也是碟煞的特徵之一。

煞車把手及煞車卡鉗

煞車把手　　　　　煞車卡鉗

主汽缸

圖片提供：本田技研工業

因為碟煞是利用小小的來令片來產生摩擦力，因此必須要強力地鎖住煞車碟盤。主汽缸則是用來產生油壓。

形狀特別的碟煞

　　一般碟煞都是圓形，而最近卻出現了花瓣形碟煞。因為碟盤周圍呈現波浪形狀而得名。就如同有開孔的碟盤一樣，輕量化、散熱性佳以及來令片的清潔效果是它最大的追求目的。在越野場地行駛時，暴露在外部的碟煞容易附著泥巴，用這種方式較易於清除異物，外觀上也有美化的附加效果。

油壓式碟煞
─ 將力道更加強力傳導的油壓式煞車

16

前煞車是由方向把手的右側把手控制，後煞車則是由腳踏板或是左側把手控制。當我們操作踏板或是煞車把手時，這個操作力道會經由油壓或是鋼索、煞車棒等傳到煞車。一般而言，碟煞是搭配油壓式；鼓式煞車則是搭配鋼索或煞車棒的機械式煞車。

所謂機械式，是如同自行車所使用的簡易方法，利用鋼索或煞車棒傳送煞車把手或踏板的動作。相對於此，就是油壓式，利用作為動作油的煞車油壓力使力量傳導。

讓前煞車產生壓力作動的源頭，來自煞車把手根部的主汽缸。當緊握把手時，主汽缸內部的活塞會開始動作，將煞車油加壓。這個壓力，通過煞車油管傳到煞車卡鉗內的活塞，受到推擠的活塞最後將促使來令片夾住煞車碟盤。

這種構造，是運用了「對一密閉液體所施的壓力，必會傳遞到液體各部分及容器壁上，且各點壓力值均等」的「巴斯卡原理」。利用煞車卡鉗活塞面積大於主汽缸活塞面積的設計方式，使我們對煞車把手所施的力可以大幅增強。不論是機械式或油壓式煞車，煞車把手及煞車踏板都採用槓桿原理以使力量增強。

因此，不論再瘦弱的騎士，都可以產生讓重量不輕的摩托車停止的制動力。

跑車用高性能煞車卡鉗

一體鍛造成型的煞車卡鉗

煞車卡鉗會因為煞車的反作用力而變形。而可以防止此種狀況的，就是「一體鍛造成型」的一體式煞車卡鉗。一般的煞車卡鉗則是用兩個煞車卡鉗所組成的「分離式煞車卡鉗」。

照片提供：DUCATI JAPAN

Motorcycle

對向活塞式煞車系統？

煞車卡鉗有分單向活塞卡鉗與對向活塞卡鉗。單向活塞卡鉗是利用單邊的來令片支撐煞車卡鉗；對向活塞卡鉗則是用兩個來令片分別從兩側押住活塞。這兩種方式夾住煞車碟盤的力道皆同，制動力的差異感覺上也不大，但因為對向活塞式的來令片壓力較平均，因此可以發揮較好的效能。所以，較高性能的摩托車，通常都會採用對向活塞式的碟煞。

鼓式煞車
── 鼓煞比碟煞還不好用？

似乎漸漸式微的鼓煞，其實仍廣泛運用於許多後煞車系統。正如其名，鼓煞是利用煞車鼓煞車，主要由在輪圈中心的矮圓柱形煞車鼓、鼓煞用來令片，以及驅動來令片的制動凸輪所組成。

鼓煞外觀就像是剖一半吃剩的西瓜，來令片受到制動凸輪從外擠壓，再將迴轉的煞車鼓向內推，就是鼓煞的基本構造。打個比方，就像是用手壓住滾筒洗衣機的滾筒，會感覺到能夠阻礙滾筒轉動的力量一樣，鼓式煞車也是利用煞車鼓與來令片的摩擦以產生制動力。

來令片的一端為支撐點，另一端則向外撐開煞車鼓；而此時煞車鼓是「由被推擠側往支撐點側移動」，接著來令片就會如同右頁圖示般，被煞車鼓牽引向外，進而產生比原本所施加的力道更大的制動力。這稱為「自我倍力作用」，是鼓式煞車的主要特徵。雖然一般聽到鼓煞，就覺得是性能較為低階的產品，但其實它的煞車效果是比較好的，也同時擁有小型、輕量且低成本的優點。

然而，鼓煞所產生的熱氣較難釋放，也有容易堆積煞車粉塵、進水不易排出等問題，煞車的操作也必須有一定的技巧。因此，前煞車系統幾乎早早就被碟式煞車給取代了。

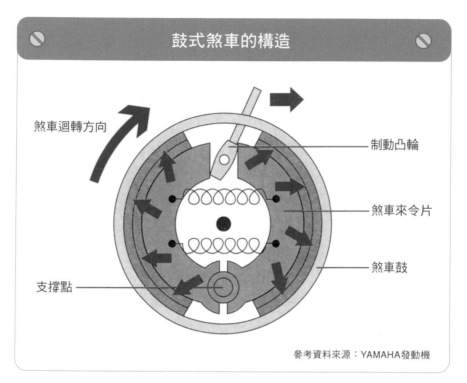

鼓式煞車的構造

煞車迴轉方向

制動凸輪

煞車來令片

煞車鼓

支撐點

參考資料來源：YAMAHA發動機

只要拉動從煞車延伸出來的軸臂，煞車鼓內部的來令片就會向外撐開產生制動力。

Motorcycle

像鼓式煞車的碟式煞車

HONDA曾經使用外觀看起來就像是鼓煞的特殊碟式煞車系統。這是稱為「隱藏式碟煞」的煞車系統。它將碟煞設計為從外部無法直接看到的隱藏式，煞車卡鉗的構造也和一般碟煞相反，是從內側將碟盤夾住。此外，煞車碟盤也捨棄一般碟煞所使用的不鏽鋼製碟盤，而改為煞車效果更好的鑄鋼碟盤。而因為鑄鋼碟盤有容易生鏽的缺點，所以為了掩蓋此缺點，將其設計為隱藏式。

前後連動煞車
─ 前後煞車一同作動的連動型

大家常說「煞車的困難度遠高於加速」，這是因為煞車多用於迴避危險狀況，不像加速通常是出自於自身的選擇。當能夠事先意識到危險的話，就不會再勉強加速，煞車卻是一旦危險發生，反而更必須展現其技巧。

煞車不但有困難度，所面對的狀況也較危險，然而，前後分別獨立的煞車系統，卻往往造成騎士的困擾。若將前輪強力煞車，會使後輪翹起，使得摩托車前後的重心大幅移動，輪胎的抓地力也產生激烈的變化。因此煞車時，恰當地操作前後煞車是必要的。然而，這卻不是件簡單的事，因此，因害怕翻車而不敢按下前煞車的狀況，時有所聞。

而新開發的前後煞車一同作動的前後連動煞車，就是為了因應此狀況而誕生。前後連動煞車目前已漸漸受速克達及大型巡航車所採用，當按下後煞車時，前煞車也會同時作動，以其適當的煞車平衡，發揮穩定的制動力。如此一來，煞車不當所產生的危險可以大幅減緩，摩托車的穩定性也可以更加提高，還能在比較短的距離內讓摩托車停止。

此外，大型巡航車的前後連動煞車，其前後煞車平衡及煞車作動時機必須更精密地控制，因此通常也需要讓前煞車與後煞車連動。

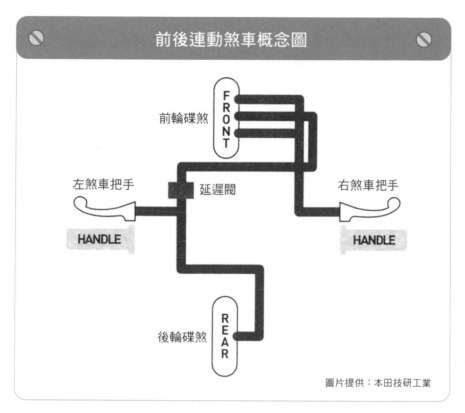

前後連動煞車概念圖

前輪碟煞　FRONT

左煞車把手　延遲閥　右煞車把手

HANDLE　HANDLE

後輪碟煞　REAR

圖片提供：本田技研工業

前後連動煞車和汽車的煞車系統相同，只要踏下煞車踏板，前後的煞車就會適當地發揮效果。

為什麼輪胎鎖死時會冒白煙？

在容易滑倒的路面上緊急煞車，輪胎會立刻鎖死，停止轉動的輪胎會開始滑行，只能靠鎖死的輪胎與路面的摩擦力使摩托車停止。因為此時不會產生煞車本身的摩擦熱氣，使得摩托車前進的能量會因為輪胎與路面摩擦而轉化為熱能。因此，輪胎會產生高於正常煞車的熱能，這時我們就會看到冒白煙。所以可想而知，胎面當然也會因為摩擦而被嚴重磨耗。

ABS (Anti lock Brake System)
── 消除煞車時恐懼感的技術

19

　　過於緊急的煞車會造成輪胎鎖死，這種狀況如果發生在摩托車上的話，通常都會導致摔車。因為被鎖死而只能滑動的輪胎，會失去了保障摩托車穩定性的功能。雖然明知煞車時要避免過於緊急造成輪胎鎖死，實際上卻是心有餘而力不足。

　　能夠克服這個問題的，就是防止煞車造成輪胎鎖死的ABS（防鎖死煞車系統）。ABS是可以讓過於強勁的制動壓力自動減弱，以防止鎖死的裝置。它是由可檢測輪圈速度的輪速檢測裝置、可調整制動壓力的液壓裝置，以及如同中央塔台的控制系統等所組成。

　　它的作動方式，是透過安裝在輪圈上的感應裝置檢測輪胎是否鎖死，由電腦傳送避免鎖死的指令，以適當地調整制動壓力。然後當成功避免輪胎鎖死後，會再度提高制動壓力，以達到減速、停止的目的。藉由反覆這些瑣碎的動作，不但可以防止輪胎鎖死可能造成的危險，同時也可以充分將輪胎的抓地力發揮到極致。

　　有了ABS，騎士只要按下煞車，就可以像專業車手般巧妙地控制煞車，即使面對突然的驚嚇或天雨路滑的狀況，也不需要緊張地全身緊繃，可以勇敢地操作煞車了。

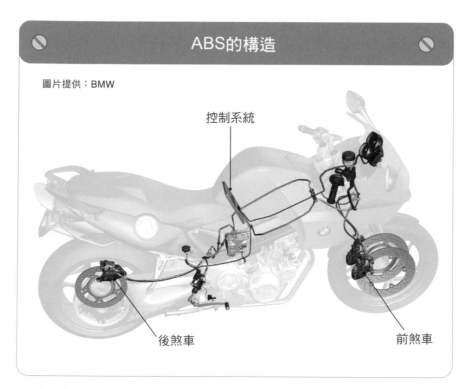

圖片提供：BMW

控制系統

後煞車

前煞車

如果ABS能夠更早發明，就能幫助更多的騎士免於摔車了。ABS就是如此功效顯著的機械構造。

輪胎沒鎖死也會滑動？

以固定速度前進時，輪胎的迴轉速度和摩托車的車速是相同的。但是當煞車時，即使輪胎沒有打滑，輪胎本身的迴轉也會變慢。這是因為制動力造成輪胎變形的緣故，而這種輪胎的迴轉狀況被稱為「滑行率」。煞車時抓地力的滑行率最大約20～30%，超過就會使輪胎鎖死。因此，最大的制動力就發生在輪胎鎖死之前。但如果滑行率再升高，輪胎就不只是看起來像滑行，而是真的打滑了。

ETC的構造
─ 正因爲摩托車而更顯便利的ETC

　　經過高速公路的收費站，能夠不停車即可支付過路費唯一的方式，就是安裝ETC。可以減低經過收費站的繁瑣程序這項優點，對騎士可是存在著無比吸引力。騎士對ETC這項發明的由衷感謝，是汽車駕駛所無法比擬的。不僅如此，在日本，周末假日的降價和各式各樣的折扣制度，也是使用ETC的一大好處。

　　騎摩托車行經收費站時，必須先停車、打空擋，脫下手套拿錢包，付過路費、拿收據、找零錢，最後再次帶上手套開始騎車。完成這些動作不僅麻煩，在後方等待不耐煩的視線也令人覺得不舒服。而如果有ETC的話，這些煩惱就都不需要了，慌慌張張地把零錢全掏出來的情景也不會再出現。

　　ETC是利用無線通信的方式支付過路費，因此利用ETC，必須裝置可無線收發電訊的ETC易通機及可支付費用的ETC卡（類似信用卡）。但是對於容易被雨淋溼，且振動狀況也較汽車嚴重的摩托車而言，絕對無法提供ETC易通機這種電子儀器一個好的裝置條件。因此，摩托車專用的ETC易通機，必須要特別提高防水性及耐振動性。

　　此外，本身空間就有限的摩托車，裝置ETC易通機的位置更是令人頭痛。姑且不論置物空間較大的大型速克達，對跑車或無配備整流罩的街車而言，位置的安排就非得下工夫不可。此外，無電池的車種則不論空間有無都無法裝置ETC。

第6章

安全與生態環境

摩托車所追求的，不只是速度感、舒適感或設計感。

能夠守護騎士生命和可以維護地球環境的構造，

才應該是摩托車追求的首要目標。

在此章節，將介紹次世代的摩托車。

照片提供：本田技研工業

現在已經有搭載安全氣囊的摩托車，可以有效防止騎士在摩托車前方衝撞時向前衝的危險。照片中是HONDA「GOLD WING」。

摩托車的安全性
── 摩托車其實比汽車安全？

　　摩托車總是被稱作危險的交通工具。確實，當事故發生時所造成的受傷機率，是比汽車高上許多。但是，這樣就斷定摩托車比汽車危險也過於武斷。如果可以避免事故的發生，受傷的問題也就不存在了。摩托車是否安全，除了緊急狀況時是否能有效保護身體避免傷害，能否事先避免事故發生也絕對是一項重要考量。

　　安全性基本上分為兩種，一種是預防有可能造成受傷等事故的主動式安全（預防安全），另一種則是事故發生後能否避免傷害產生的被動式安全（衝突安全）。欠缺可以吸收衝擊力道的車身，使得摩托車要搭載如安全氣囊等安全裝備更顯不易，要提高被動式安全有其一定的難度；因而，主動式安全的掌握，就成了重要關鍵。

　　一般提到主動式安全，例如ABS等安全裝備，最重要的是迴避危險的能力。而在這一點，輕巧的摩托車行動敏捷，迴避能力可想而知也比較好。只要能再提高操縱的穩定性，安全性自然就能升高。對於摩托車而言，騎乘的技巧與安全性絕對是息息相關的。

　　而在迴避危險之前，能否早一步察覺危險的發生，也是同等重要。行車視野相對較廣的摩托車，也沒有像汽車般的死角，確實較容易提早發現危險。只不過，駕駛摩托車受騎士本身的技術影響至深，並不是誰都可以輕易上手。因此，為了提升騎乘技巧，去駕訓班學車也是非常重要的過程。

行車模擬

照片提供：本田技研工業

是否能預知或察覺路上可能遭遇的危險？在駕訓班，可以於安全的環境下學習到這些技巧。

看到與被看到

為了安全考量，首先最重要的就是能夠迴避危險；若能夠提早察覺危險，就能夠有更充分的時間採取閃避危險的行動。因此，觀察周圍狀況與預測其它車輛的動向是同等重要。我們甚至可以說，安全性與頭腦的運作互有關連。不僅如此，讓別的車子察覺到危險的狀況，也可以有效地迴避危險。有的摩托車即使在白天也將頭燈打開，為的就是這個原因。雖然有的人認為會因為頭燈過於刺眼反而造成危險，但事實證明，打開頭燈讓周遭知道自己摩托車的存在，確實能有效的預防危險事故發生。

安全帽
── 犧牲自己來保護騎士頭部

　　汽車靠著部分車身較容易擠壓變形的特性，得以維持衝撞時的安全性。這是因為車身被破壞的同時能夠吸收衝擊力道的緣故。例如發生正面碰撞時，藉由引擎室緩緩地被擠壓變形以削弱撞擊能量，使車內的乘客不至於直接承受強勁的衝擊力。而騎乘摩托車所需使用的安全帽，也有類似原理。

　　人類的頭部，雖然有頭蓋骨等保護，但絕對不敵柏油路面的撞擊。而安全帽的功效，就是吸收衝擊使撞擊不至於傳到頭部。

　　摩托車用的安全帽有外殼、吸收衝擊力道的帽體以及內裝三層構造，其中，外殼及帽體，正是用來保護頭部的。帽體的材質是保麗龍，它藉由其粒子的擠壓以削弱衝擊力，而達到保護頭部的效果。此外，FRP（纖維強化塑膠）或ABS樹脂製的外殼，也會在遭受撞擊時吸收撞擊力道。總而言之，安全帽就是透過自身被破壞以緩和衝擊力。曾經受過撞擊的安全帽即不應該再使用，正是這項緣故。

　　雖然安全帽的構造都大同小異，但其強度和吸收撞擊的能力皆有所不同，因此，確認安全帽的規格是相當重要的事。從安全帽的規格，就足以約略判斷安全性。不僅如此，安全帽的形狀不同，也會使安全性產生差異。姑且不論最近一些形狀誇張的安全帽，能完全包覆頭部的全罩式安全帽是最令人安心的了。

安全帽的構造及通風效果

安全帽的基本構造

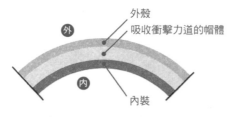

外殼
吸收衝擊力道的帽體

外

內

內裝

令人感到悶熱不適的安全帽，其安全性
也可能大有問題。高機能的安全帽，透
氣等舒適性都不會太差。

➡：進氣　➡：排氣

照片提供：ARAI HELMET

Motorcycle

提高舒適性以防止意外事故發生

安全帽是在跌倒時保護頭部的配備，但其實它也能主動地避免意外事故
發生。把整個頭部包覆住，感覺令人悶熱不適的全罩式安全帽，不斷地
追求透氣性，就是為了能夠提供騎士一個舒適的駕駛環境，使騎士的注
意力不至於被分散，進而提高行車的安全性。這就和騎車時需要穿外套
和靴子的道理一樣。相反地，要對抗寒冬，有加熱把手可以提高騎乘的
舒適性；還有防寒把手套，姑且不論外形，的確也為摩托車的安全貢獻
了一己之力。

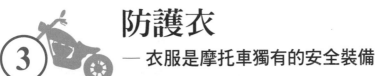

防護衣
─ 衣服是摩托車獨有的安全裝備

　　摩托車是一個不注意就可能會摔倒的交通工具，因為它不像汽車一樣有「車廂」，騎士是完全暴露在外的。因此騎士本身必須備齊所有可以防止受傷和保護性命的裝備。其中最具代表性的配備就是安全帽，除此之外，防護衣也是相當重要的安全裝備。

　　說到騎摩托車的服裝，就會想到皮外套、皮褲等。近年則開發了許多可代替皮革的新素材。在摩托車行進中摔車，會造成騎士在路面上滑行或跌倒，騎士得靠身體與路面磨擦才得以降低速度。因此，更需要堅韌的衣服包覆身體以避免受傷。

　　而皮革雖然對於摩擦有一定的效用，但吸收衝擊力道的能力卻有限，也正因為如此，通常會在手肘及膝蓋的部位縫上緩衝墊。然而，如果考慮到生命安全，背部、胸部，及腹部所受的衝擊其實更為嚴重。因此，現在較普及的防護衣，都會保護背部（脊椎）及胸部。而且防護衣的形式，不再是厚重的刻板印象，也有外套下仍保留空間的俐落造型，不但輕便，安全性也大幅提高。

　　此外，安全帽的形式，也有可以在緊急狀況時，避免造成頸椎負擔的快拆式帽帶；跌倒時限制安全帽的移動以降低頸部負擔的護頸圈等，各式各樣防止受傷的產品不斷問世中。

保護騎士的防護衣

保護胸口的防護配備　　肩墊　　　　　脊椎墊　　　　　手肘墊

照片提供：本田技研工業

防護衣是保護身體的最後堡壘。不只是手肘或膝蓋，能夠保護胸口的防護配備也是必要的裝備。

安全帽的規格（日本）

根據消費生活用製品安全法（日本法律名稱），安全帽若無「PSC標章」則不能販賣。另外，還有一種類似的標章，是製品安全協會認證的「SG標章」，都是安全帽的最基本安全標準。判斷安全性的標準，有日本的「JIS規格」及國際通用的「SNELL認證」。其中SNELL認證，是全世界公認最嚴格的標準，深受騎士的信賴。不過，可以通過嚴格測試標準的安全帽，價格當然也不會太便宜。（註：台灣則需貼有「商品安全標章」。）

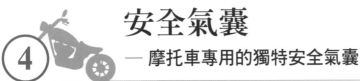

安全氣囊
─ 摩托車專用的獨特安全氣囊

　　對汽車而言是理所當然配備的安全氣囊，對摩托車來說，幾乎不被採用，是非常少見的配備。唯一的例外，是HONDA FLAGSHIP機種的「GOLD WING」。GOLD WING是世界第一台搭載安全氣囊的摩托車，2006年於歐洲第一次發表，接著於2007年在日本上市。

　　摩托車沒有將人包圍住的車廂，因此連安全帶也無法裝配。當遇到嚴重的碰撞時，騎士會從摩托車彈出去，受到撞擊而受傷。然而，沒有車廂，即使裝載安全氣囊不也是沒有意義嗎。

　　GOLD WING的安全氣囊，一旦感應到「接下來的碰撞可能會造成騎士往前摔出去」，就會開啟安全氣囊以阻止，降低騎士可能受傷的風險。從感應器檢測出碰撞發生，到安全氣囊開啟吸收騎士的運動動能，僅需約0.15秒的時間，這一連貫的動作，比人類眨眼所需的時間還要短，在一瞬間就可以完成。

　　安全氣囊平常收納在座位前方的蓋子底下，展開時就像右頁的照片，完全伸展於騎士前方，而騎士則如同抱著一個大氣球般。原本因為撞擊而將往前摔的騎士，受到安全氣囊的阻止並將運動動能吸收。即使無法完全成功地擋下騎士，仍可以有效地減緩與其他車輛或路面的撞擊。

裝置在摩托車上的安全氣囊

防止騎士向前方彈出的
安全氣囊

照片提供：本田技研工業

一般的摩托車無法像GOLD WING一樣裝配安全氣囊。考量到摩托車本身的構造，安全氣囊要達到普及的程度，還有一段漫長的路要走。

穿著的安全氣囊

能夠裝配安全氣囊的摩托車目前還相當有限，但若是裝配在騎士身上的安全氣囊，則不管騎怎樣的摩托車都可以使用。「穿著的安全氣囊」，是將小型的安全氣囊箱入外套中，以保護脖子及背部免於意外的撞擊。這種安全氣囊會在騎士跌落摩托車時展開，因此，即使沒有撞擊，只是單純的跌倒，安全氣囊也會作用。這種型式的安全氣囊是在約十年前就已存在，最近則較常看到僅保護脖子周圍的安全氣囊。

排氣淨化裝置
—— 將排放氣體變乾淨的構造

5

當汽油被完全燃燒，會使汽油的主成分——碳氫化合物（CH）與氧氣（O_2）反應，產生二氧化碳（CO_2）和水（H_2O）。然而，當汽油與空氣的比例（空燃比）失衡，會造成燃燒剩餘及燃燒不完全的現象，此時就會產生一氧化碳（CO）、碳氫化合物，以及氮氧化合物（NO_X）等廢氣排放標準中的汙染氣體。

燃燒剩餘的是碳氫化合物，當汽油濃度過高或過低時，都會產生。燃燒不完全的則是一氧化碳，當汽油濃度過高時，會因為氧氣不足而導致燃燒不完全產生一氧化碳。而氮氧化合物，則非關燃燒剩餘或燃燒不完全，它是由於空氣中的氮氣，因燃燒時的熱氣而與氧氣結合所產生，溫度愈高愈容易產生，因此當汽油完全燃燒時，反而會大量產生。

排氣淨化裝置就是能夠去除這些有害物質的裝置。常見的排氣淨化裝置，是可以在排氣口供給空氣的「二次空氣導入系統」。這種裝置，可以針對燃燒剩餘或燃燒不完全供給空氣，使氣體再燃燒，而轉變為二氧化碳及水。但是，這個裝置對氮氧化合物卻沒有任何效果。

能夠減少一氧化碳、碳氫化合物及氮氧化合物的，是「觸媒轉化器」。可同時處理這三種氣體的，則稱作「三元觸媒轉化器」。觸媒轉化器就像是裝入排氣管內部的濾心，將一氧化碳和碳氫化合物轉化成二氧化碳和水，並將氮氧化合物轉化為氮氣，而達到淨化排氣的效果。

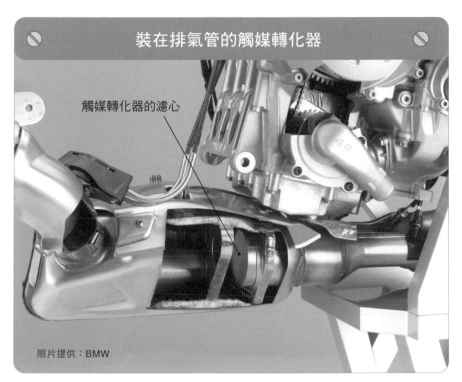

裝在排氣管的觸媒轉化器

觸媒轉化器的濾心

照片提供：BMW

雖然裝置觸媒漸漸普及，但很遺憾的，造成地球暖化的二氧化碳，並無法藉由觸媒去除。照片中是BMW「S 1000 RR」的排氣管及觸媒轉化器。

觸媒轉化器的構造

觸媒轉化器所使用的濾心，是由陶瓷或金屬製的蜂窩狀濾心，於表面鍍上白金、鈀、銠等元素作為觸媒，以淨化有害物質。觸媒轉化器可將氮氧化合物的氧氣抽離（還原），使其與一氧化碳及碳氫化合物反應作用（氧化）。過多或過少的氧氣都會干擾氧化反應的進行，因此必須巧妙地調整空燃比。也因為如此，可以準確控制空燃比的燃油噴射系統，對於排氣淨化較為有利。

油電混合系統
─ 能夠減少浪費的技術

6

　　油電混合車不僅燃油消耗率佳，即使尚未普及，仍是「靠電力行走」的劃時代汽車。也因爲種種原因，油電混合車在環保車中獨享遙遙領先的人氣，甚至大多數的人都認爲「不是油電混合車就不算是環保車」。

　　油電混合系統，結合了引擎及馬達兩個截然不同的動力來源，彼此截長補短以改善燃油消耗率。例如，在發動或加速時，節制效率不彰的引擎運作，轉而利用馬達輔助。而對於馬達較難以發揮效能的高速行駛，則由引擎代爲轉動。當減速時，利用馬達（發電機）作爲煞車以利用再生煞車能量，將通常只能被捨棄的煞車熱能轉爲電力再度回收使用。

　　總而言之，油電混合系統運用了兩種發電系統的優點，將浪費降至最低，以提升效率，並進而減少引擎所需使用的燃料。

　　那如果是「油電混合摩托車」效果又如何呢？事實上，油電混合和摩托車的合適性，遠不如油電混合汽車。原因之一，就是要在空間有限的摩托車上放入馬達及電池，已經有相當的難度，太過於勉強，反而會得到效率不彰的反效果。再加上，與其擔心油價，騎士更在意油電混合車的高價位。這些原因，都大大削減了油電混合摩托車的魅力。大多數的人都會認爲，雖型式簡單，但價格平易近人的一般系統就已經足夠。

YAMAHA「LUXAIR」

照片提供：YAMAHA發動機

雖然搭載兩種型式動力來源的這種方式本身是沒有效率的，但是，油電混合系統就是能夠提供超越本身弱點的更高效率。

摩托車的怠速熄火

在等待紅綠燈或塞車時，可以防止浪費燃油消耗的，就是「怠速熄火系統」。不過摩托車沒有像市區巴士同樣的自動怠速熄火裝置，因此基本上必須手動熄火。汽車怠速熄火時，冷氣會跟著引擎一起停止，若遇到炎熱的夏天則會造成不小的困擾；然而摩托車怠速熄火，則反而可以降低暫時停車的熱氣，因此現在已有多數人養成此習慣。

生質燃料
——摩托車的引擎靠酒也可以運作？

7

為什麼摩托車會選擇汽油作為燃料呢？一方面是因為一直以來都以汽油為燃料，另一方面則是因為沒有出現優於汽油的燃料。液體的汽油使用上相當容易，與酒精相比，在相同重量下，汽油的能量密度較高，使得摩托車可以較少的量，行駛更遠的距離。再加上汽油價格也較為便宜，因此要取代汽油變得更加不容易。

然而，汽油卻有一個致命的缺點。挖掘石化燃料來燃燒，意味著造成溫室效應的氣體——二氧化碳也會不斷增加，將進一步加快地球暖化的速度。

此時，出現了因為可能取代汽油而備受關注以植物為主要原料的生質燃料。雖然生質燃料在燃燒後仍會產生二氧化碳，但終究會再度被植物所吸收。因此，依照此理論，使用生質燃料所產生的二氧化碳排出量為零，對於防止地球暖化具有一定的效果。這種方式，被稱作「碳中和」（Carbon Neutral）。

而最廣為人知的生質燃料，則非生質酒精莫屬了。酒精就是酒類的主要成分，它是由許多穀物及木柴等物質製作而成。同為液體燃料的酒精，和汽油一樣可以被使用，且不需大幅改造汽油引擎，因此備受期待。一般來說，會將一定量的酒精與汽油混合使用，只有少部分則會使用百分之百的酒精。

使用生質燃料的摩托車

HONDA「CG150 TITAN MIX ESD」　　照片提供：本田技研工業

照片中是世界上第一台採用Flex Fuel（生質酒精車款）技術的小型摩托車。它可以自由搭配酒精與汽油。

生質汽油

在日本，混入以生質酒精製成的ETBE（乙基叔丁基醚）的「生質汽油」剛結束試賣，才準備正式導入。關於生質燃料的運用上，日本尚屬於發展中國家。汽油中的酒精混合率，以「E○○」表示，在美國，引擎不需做任何改造也可以使用的「E10（10%）」已經被廣泛地使用。屬於酒精使用先進國家的巴西，則以「E20」或「E25」最為普遍，還有對應各種混合率的生質酒精車款。最近，甚至生質酒精的摩托車款也開始販賣了。

電動摩托車

8 ── 因為汽油價格高漲帶動了電動摩托車的蓬勃

　　最近，在雜誌或網路上關於「開始開發與販賣電動摩托車的新企業」報導，相當醒目。他們所提供的電動摩托車，是由中國製的摩托車加以改良，在日本進行設計與開發，最後委託由中國製造生產。因為近年對於環境保護的議題關注逐漸升高，使這樣的話題也備受矚目。

　　電動摩托車以馬達取代引擎，因此能有效預防因排放廢氣所造成的大氣汙染，原油使用量也能大幅削減，一般摩托車會排放的二氧化碳更不復見。而看似無懈可擊的電動摩托車，其實和電動汽車所遭遇的問題一樣，能製作出可以滿足人們需求的車種，並不容易。

　　其中最大的問題就是電池。目前的電池，因為容量不大，所以無法滿足長途行駛，不僅如此，充電耗時也是困擾之一。高性能的鋰電池卻太昂貴；價格便宜的鉛蓄電池卻容量太小，而且如果因為這樣就囤積大量蓄電池，也過於不切實際。

　　因此現在市面上的電動摩托車，通常都不會一昧追求可行駛距離，反而會以適當控制動能的方式，來減輕電池負擔。也因為如此，通常電動車都只被用於短距離，使用時也必須得時時刻刻注意電力狀況。當然，若未來高性能電池價格下降，那就另當別論了。不過，即使不能像一般摩托車般長距離行駛，若只是用於市區內通勤，就足以滿足需求了。

2009年東京摩托車展登場的電動摩托車

HONDA所發表的電動摩托車概念車
「EVE - neo」。充電器有分一般使
用的100V充電器及200V快速充電
器，充電位置則在車體側面。

照片提供（上）：本田技研工業
照片提供（右）：YAMAHA發動機

YAMAHA所發表的未來車款
「EC-f」（上圖）和「EC-fs」
（下圖）。因為不會排放廢氣，
因此沒有排氣管的設置。

中國的人氣商品──電動腳踏車

在中國的大城市，隨著汽車與摩托車急遽增加，造成許多交通事故、噪
音以及空氣汙染等重大問題，因此許多城市都規定禁止使用摩托車。在
這樣的背景之下，開始出現了電動腳踏車，承接了原本摩托車所擁有的
人氣，據說在中國已經有數千萬台電動腳踏車在路上行走。電動腳踏車
有最高速度的限制，與摩托車也是全然不同的領域。而技術能力較高的
電動腳踏車廠商，仍嘗試進一步提升動力以製作電動摩托車，並專門用
於出口，其中一部分正是輸往日本。

次世代摩托車
—— 汽油引擎後的下一個動力來源是？

9

　　即使有化石燃料枯竭或地球暖化的問題，也不可能立刻停止使用汽油。因此，短時間之內，汽油仍會是動力的主角。當然，由馬達取代引擎的摩托車應該也會陸續增加，因為不論再怎麼覺得「沒有引擎就不算是摩托車了」，也敵不過原油價格高漲和供給不足的問題。

　　提到靠馬達行駛的摩托車，立刻就會先想到電動摩托車。但就如同先前所介紹的，電動摩托車的成功與否，必須視電池的發展而定。因此，接下來可以期待的，就是使用燃料電池的摩托車。電動摩托車所使用的電力是「積存於電池內的電力」；而燃料電池摩托車則是使用「燃料電池所製造的電力」，兩者的差異，就在於電力的供給方式。

　　燃料電池，是利用氫氣與氧氣反應以產生電力，和稱為乾電池或蓄電池的電池種類不同，只要能供給氫氣及氧氣（空氣）就能夠持續發電。因此，燃料電池其實就是在行駛的同時製造電力。然而它最大的問題，卻在於氫氣不像汽油一樣很輕易地就可以搭載。除此之外，更大的問題就是價格。目前的燃料電池皆以貴金屬作為觸媒，因此免不了的高價成為很大的發展阻礙。

　　不過若是價格的問題，摩托車絕不會比汽車嚴重，對於不以長距離行駛為前提的小型摩托車而言，仍有機會實際運用。而關於動力及可行駛距離，燃料電池也確實優於蓄電池式的電動摩托車。

使用燃料電池的SUZUKI次世代摩托車

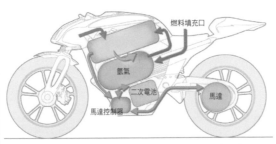

燃料填充口

氫氣

二次電池

馬達控制器

馬達

→ 氫氣　→ 空氣（氧氣）　→ 電力　→ 排氣

2007年東京摩托車展中所展示以氫氣為燃料的「CROSSCAGE」。

2009年東京摩托車展，SUZUKI所發表的燃料電池速克達「BURGMAN FUEL CELL SCOOTER」。它將「CROSSCAGE」的技術導入速克達，成為更有真實感的摩托車。

Motorcycle

利用「氫氣」轉動的引擎

只要是電動摩托車，不論是使用蓄電池或是燃料電池，二氧化碳的排出量都是零。電動摩托車可以說是非常「乾淨」的摩托車。但是，若動力來源變成馬達，就不得不犧牲引擎所能帶來的樂趣了。在汽車界，已經開始嘗試開發氫氣引擎。氫氣引擎是利用氫氣取代汽油燃燒以產生動力，因為燃料中不含碳，因此不會產生二氧化碳。它與燃料電池一樣有如何搭載氫氣的問題，但對於主要魅力在於享受行駛樂趣的摩托車而言，這樣的方式說不定更為合適。

國家圖書館出版品預行編目資料

摩托車的基本構造：從電動機車到重型機車,徹底解析機械構造與運
作原理 / 市川克彥著；溫欣潔譯. -- 二版. -- 臺中市：晨星出版有
限公司, 2024.01
　　面；公分 . —（知的！；26）
　　譯自：カラー図解でわかるバイクのしくみ
　　ISBN 978-626-320-726-4（平裝）

　　1.CST: 機車

447.33　　　　　　　　　　　　　　　　　　　112019698

知的！26	摩托車的基本構造(修訂版)： 從電動機車到重型機車，徹底解析機械構造與運作原理 カラー図解でわかるバイクのしくみ

作者	市川克彥
譯者	溫欣潔
審訂	吳浴沂
編輯	吳雨書
封面設計	ivy_design
美術設計	曾麗香
創辦人	陳銘民
發行所	晨星出版有限公司 407台中市西屯區工業30路1號1樓 TEL：（04）23595820　FAX：（04）23550581 http://star.morningstar.com.tw 行政院新聞局局版台業字第2500號
法律顧問	陳思成律師
出版	西元2024年1月15日　二版1刷
讀者服務專線	TEL：（02）23672044 /（04）23595819#212 FAX：（02）23635741 /（04）23595493 service@morningstar.com.tw
網路書店	http://www.morningstar.com.tw
郵政劃撥	15060393（知己圖書股份有限公司）
印刷	上好印刷股份有限公司

掃描 QR code 填回函，
成為晨星網路書店會員，
即送「晨星網路書店 Ecoupon 優惠券」
一張，同時享有購書優惠。

定價350元

ISBN 978-626-320-726-4

Published by Morning Star Publishing Inc.
Color Zukai de Wakaru Bike no Shikumi
Copyright ©2009 Katsuhiko Ichikawa
Chinese translation rights in complex characters arranged with SB Creative Corp., Tokyo through Japan
UNI Agency, Inc., Tokyo and Future View Technology Ltd., Taipei.
Printed in Taiwan